2025年「脱炭素」のリアルチャンス

すべての業界を襲う大変化に乗り遅れるな！

Kenji Eda
江田　健二

PHP
Business Shinsho

PHPビジネス新書

序章（はじめに）

脱炭素という新しい風

なぜ、こんなにも議論が錯綜するのか？

濃い霧で視界が悪い山道を進む。山頂どころか数メートル先もよく見えない。私が「脱炭素」に抱く感覚です。

読者のみなさんは、「脱炭素」にどんな感覚をもっていますか。

新聞やビジネス雑誌、インターネットで「脱炭素」や「カーボンニュートラル」に関する特集を目にする機会が増えています。「脱炭素」とは、地球温暖化の原因となる温室効果ガスの排出量「実質ゼロ」を目指すことです。

ここまで注目を集め始めたのは、ここ3年くらいでしょうか。特に２０２０年10月に菅前首相が「日本も2050年までに脱炭素社会を目指す」と宣言してからは注目度が一段と上がりました。しかし**注目されてから、まだ日が浅いという理由から「こうすれば良い」という明確な社会的合意が形成されていません。**

具体的な道筋が、まだぼんやりとしている印象です。

私たちが脱炭素について考え、議論する時に「気をつけるべきこと」があります。それは、お互いが異なった視点から脱炭素をとらえたまま議論を進めていないかということです。

視点が異なるために論点が合わず、議論が消化不良になっている場面を目にします。そこで、私と読者のみなさんの視点を合わせるためにも、私が考える4つの視点、「住人の視点」「ビジネスの視点」「日本国としての視点」「地球市民の視点」を紹介します。

まず、一番身近なのは、日本に住む1人の住人の視点です。

この視点では正直、あまり脱炭素を進める緊急性を感じることはないのではないでしょうか。「一刻も早く脱炭素を進めなければ、明日から生活ができなくなる！」という切迫感を読者のみなさんは、どこまで感じているでしょうか。「2℃、3℃の気温上昇なら、なんとかなるだろう」と思っている方も多いでしょう。

もともと日本には四季があります。私たちは1000年以上かけて、夏と冬の30℃近い寒暖差に対応できるように知恵を絞って、生活してきました。畳や障子もその一例です。畳の断熱効果で夏を涼しく、冬を暖かく過ごすことができます。障子は、夏は太陽の光を程よく遮り、冬はガラス窓から伝わる寒さを緩和してくれます。加えて、クーラーや暖房機器などが私たちを暑さ寒さから守ってくれています。

このような気温変化に対する耐性、知恵、設備をもつ私たちは、良いか悪いかは別として多少の気温上昇には対応できるという思い込みがあり、「気候危機を感じにくい鈍感さ」が染みついています。心のどこかで気候危機を日々の生活とは関係ない「どこか遠い国の出来事」と思いがちです。

2つ目の視点は、ビジネスの視点です。

脱炭素について「自社や関係業界にどのような影響があるのだろうか」と考える視点です。影響度は、業界によって異なります。早急な対応を迫られている業界もあれば、時間的猶予のある業界もあります。

例えば、私が専門のエネルギー業界は、影響度が高く、早急な対応を迫られています。自動車業界も世界的なＥＶシフトの影響を受けています。

自社がグローバル企業か国内市場中心の企業か、大企業か中小企業かによっても「脱炭素」に対する認識は異なるでしょう。どちらにしても私たちは、ビジネスの視点から「脱炭素」を語る際は、自らが関連する業界を背後にイメージしながら発言しています。

３つ目は、日本国としての視点です。

日本社会や日本経済からの視点です。この視点からは、脱炭素への急激な対応は、日本が得意とする「モノづくり」のコストアップにつながり、国力を弱体化させるという指摘があります。

例えば、脱炭素を急速に進める方法に再生可能エネルギーの大量導入があります。しかし、再生可能エネルギーの大量導入は、エネルギーコストの上昇を招きます。コストアップは、日本の基幹産業である製造業の価格競争力を下げてしまいます。

特に電力多消費産業にとっては深刻です。アルミ工場などは大量の電気を使います。

電力コストが製造コストに与える影響が大きいという理由から、海外への工場移転が進んでいます。加えて、チタン工場についても電力コストの上昇が理由となり、国外移転が進むかもしれません。

海外への工場移転は、雇用機会を減らすだけでなく、技術やノウハウの流出、将来的なモノづくりの人材減少にもつながります。

日本国の視点で語る人からは、脱炭素を進めること自体は否定しないまでも「急激な脱炭素推進」は、日本にとっては非常に不利であるとの意見が出ます。「バスに乗り遅れまい」と盲目的に脱炭素を進めることは、国力を減退させ、日本の地位を落としてしまうとの指摘や、欧米や成長著しい中国に経済的な差をつけられてしまうという懸念の声も目立ちます。

確かに国ごとにエネルギー政策やエネルギー資源量が異なりますし、産業構造も異なります。こういった指摘には一理あると思います。

4つ目は、地球市民としての視点です。

脱炭素の推進は地球規模で考えるべきで、「気候危機に国境はない。世界全体の課題は、世界レベルで考え、行動していこう」という考え方です。背景には、各国が個別で考え、行動すると部分最適に陥ってしまい、全体最適にならないという問題意識があります。

地球市民の視点で考えると、様々な資源は、「ほぼ無限で、無尽蔵に使えるモノ」ではなく「有限で、いつかはなくなってしまうモノ」と認識され、強い危機意識につながります。このままでは地球が、増加する人間を支えきれなくなることが危惧されます。いきおい、気候危機への対策や脱炭素推進にも自然と力が入ります。

確かに地球規模の課題は、地球市民の視点で考えるべきだとの主張にも一理あると思います。

以上、私が考える4つの視点をご紹介しました。4つの視点は、人によって綺麗に分かれるわけではなく、重なる部分があります。私自身も「どの視点に重きを置いて」脱炭素について考えるかは、時と場合によりますし、自ずと思考や結論の方向性も変わってきます。

どの視点が正しく、どの視点が間違っているということではありません。それに、2

100年頃には「宇宙視点」も加わっているかもしれません。

この本を手に取ってくださっている読者のみなさんは、これから多くの方々と「脱炭素」について話し合われるでしょう。**その際に、自分が「どの視点に重きを置いて脱炭素について語っているか」を意識しつつ、相手の視点も意識**してみてはいかがでしょうか。視点を合わせることで論点が明確になり、建設的な議論につながります。

この本は、日々ビジネスと格闘されているビジネスパーソンを読者として想定しています。その理由から2つ目の「ビジネスの視点」に重きを置きつつ、1、3、4の視点にも触れながら、進めていきたいと思います。

脱炭素は「カナヅチ」や「のこぎり」

この本のテーマは、企業がどうやって「脱炭素」に取り組んでいくとよいかということです。しかし、忘れてはいけないのは、企業にとって「脱炭素」は、あくまでも「手段（道具）」であるということです。最終目的ではありません。

家づくりでたとえると、脱炭素は、「カナヅチ」や「のこぎり」などの道具です。目的は、あくまでも自分の住みたい家を作ることです。家を作るには、よい道具は欠かせませんが、使っているうちに道具を使うことが目的になってしまうといけません。「カナヅチ」で、どこにでも釘を打ち込んだり、「のこぎり」ですべての木材を切り刻んでは、住みたい理想の家は建ちません。

「欲求5段階説」で有名なアメリカの心理学者のマズローは、「ハンマーを持つ人にはすべてが釘に見える（If all you have is a hammer, everything looks like a nail.）」という言葉を残しています。ハンマーを意識しすぎて、なんでも叩きたくなる心境でしょうか。

企業が盲目的に「脱炭素」を推進するのは、これに似ています。本当に実現するべきものを見失い、「脱炭素」を推進することが企業の目的になってしまってはいけません。

では、企業にとって最終ゴールはなんでしょうか？

私は、「これからの社会に適応した永続的な企業になること」だと考えます。

もう少し枠を拡げて、人類全体の最終ゴールは何でしょうか？

人それぞれ様々な意見があると思いますが、私は、「人類や多くの種《しゅ》にとって豊かで持続可能な社会を築くこと」だと考えます。

つまり、企業にとっても人類全体にとっても「脱炭素」は、上手に活用するべき手段（道具）です。

私は、本書を通して私たちが「脱炭素」を上手に使いこなし、ゴールへと進む術《すべ》をみなさんと一緒に考えていきたいと思います。

自分の都合でルールを変えていくのは、あたりまえ

「脱炭素」には色々な人の思惑が入り混じっています。そこには少しダークな思惑もあります。それに対して「誰も反対できない環境や社会というテーマでお金儲けするのは卑怯だ！」という声を耳にします。

脱炭素をお金儲けの隠れ蓑《みの》にすることへの違和感。しかもそれが、世界的に大掛かりに行われていることに対する憤りを感じる読者の方もいるでしょう。

例えば、脱炭素化は、欧州の国々や企業が主導し、彼らにとって有利なルールが策定されています。その流れに日本企業が呑み込まれようとしています。一方的なルール変更に「ずるい！」という意見には私も同意します。

しかし、**各々が自分に都合よく「ルールを変更する」というのは、今に始まったことではありません。**ルールを変更してでも競争に勝ちたいという思いは、あたりまえといえば、あたりまえなのです。例えば、国同士の交渉は自国に有利にしようとする攻防の歴史でしょう。もしかしたら、私や読者のみなさんも自身や所属している会社にとって都合のよいルール変更や解釈をすることで、競争に打ち勝とうとした経験があるのではないでしょうか。

自動車、飛行機、お酒、高層マンション、インターネット。そして資本主義。負の面もあるでしょうが、正の面を強調し、いつの間にか社会に根付いてきました。

そう考えると、私たちを取り巻くほとんどの「モノや考え方」には、なんらかの思惑や狙いがあります。私たちも含めて各々が自己に有利になるように社会を作り変えてきたのです。

ビジネスの最前線にいる私たちは、相手の思惑に憤るところで立ち止まってはいけません。今、求められているのは、「人・企業・国は、自らに都合よく考え、行動する。

時にはルールまで変えてしまう」という、**どうしようもない事実を正面から受け止め、「それでもなんとかしていく」という叡智《えいち》であり、知恵**ではないでしょうか。

企業にとって、今必要なのは2つの「し〇〇さ」

私は、日本企業に今、必要なのは「したたかさ」と「しなやかさ」だと考えます。

「したたか」というと、あざといなどとも似たイメージで、あまり褒め言葉には使いません。少しダーティーな感じをもつ方も多いでしょう。しかし、類語を調べてみると、「気丈、しっかり、タフ、心強い、気強い、粘り強さ」などが見つかります。

現在の状況に対して意見が違うと諦めるわけでもなく、「勝手なルールだ！」と文句だけを言うわけでもなく、だからといって、何も考えずに追従するわけでもなく、自分《じぶん》事《ごと》としてとらえ、「なんとかしていく」という図太さが必要だと思います。

新しい風を受け止め、風の流れを理解し、追い風に変える粘り強さ。脱炭素という風を逆手にとれるくらいの力が必要なのです。

もう1つの「しなやかさ」ですが、こちらは柔軟性などが類語にあります。ビジネスを取り巻く状況は刻々と変わっていきます。変化を先読みしながら、「しなやか」に行動していく。そもそも欧州が考えたルールであっても、日本企業の持ち味をだしていく。脱炭素社会に実る果実を「最大限」取りにいく。頭を柔らかくして「勝ち筋を考え続ける」ことが大切です。

今後、日本や自社が世界の中で尊敬される国や企業として繁栄するには、「したたかさ」と「しなやかさ」の2つが大切だと考えます。

そういいつつも、日本企業に時間の余裕はあまりありません。なぜなら、世界中の企業が脱炭素に目標を定め、IT革命以来の大変革の果実を、総取りしようと狙っていきます。

日本は、この20年間で起きたIT革命において、残念ながら後塵を拝したことを忘れてはなりません。

本書のタイトルでうたう2025年までの、わずか数年の間に、もし日本の企業が何も行動に移さなければ、ふたたび大きなチャンスを逃すことになると覚悟してもいいと考えます。

この本で伝えられること、伝えられないこと

本書の構成について紹介します。この本は、脱炭素を「新しい風」にたとえながら話を展開していきます。

第1章「風を感じる」では、世界の資金が脱炭素に流れていること、この流れがほぼ不可逆的である事実と、世界の大富豪の動向、私たちのお金や生活への影響など、風の勢いをお伝えします。

第2章「風の方向は？」では、日本の産業への影響、世界のEVシフトなど、風向きについてお伝えします。

第3章「風を理解する」では、欧米中の思惑や覇権争い、気候危機や温暖化を巡る考え方の違いなど、風の起きている要因をお伝えします。

第4章「風に乗る」では、向かい風を追い風に変える思考・行動法、日本にとっての「勝ち筋」を考えます。

第5章「風に乗り、羽ばたく」では、ビジネスパーソンや経営者が取り組むべき具体的行動について、読者のみなさんと考えていきたいと思っています。

この本の想定読者は、あくまでもビジネスパーソンや経営者です。自社の脱炭素を推進したい方、脱炭素社会で自社をさらに飛躍させたい方を想定しています。ビジネスの現場で役立つ「思考と行動の補助輪」の提供ができればと思っています。

温暖化についての科学的な話、日本の安全保障や政治、最新技術動向、気候危機がもたらす地球への影響等については、少しずつ触れていますが、あくまでも私のテリトリーはビジネスであり、この書籍もその視点を重視しています。

もちろん、私の考えには、これまでの仕事経験や年齢による「バイアス」がかかっています。私は、２００５年に起業し、「環境とＩＴ」をテーマに15年以上、会社を経営しています。会社では、企業向けのコンサルティングや消費者向けサービスを展開しています。

２００７年頃のカーボンオフセットや排出権取引にも積極的に参加しましたし、企業の社会貢献、環境貢献活動の支援も積極的に行ってきました。２０１６年以降は、エネルギー業界の自由化やデジタル化に関わっています。

現在は、年間200社ほどの企業にエネルギーを最適化する方法や、国際的イニシアティブ参加のアドバイスをしています。この本は、そういった経験をもつ私だからこその「ビジネスの視点」から書いています。

読者のみなさんには、本書を通して、「これからを考え、行動するための補助輪」を手にいれていただきたいと思っています。そうすることで、脱炭素という道具を「したたか」かつ「しなやか」に使い倒し、ビジネスチャンスに変えていただきたいと思っています。

図1●「脱炭素」に関係する大きな世界の動き

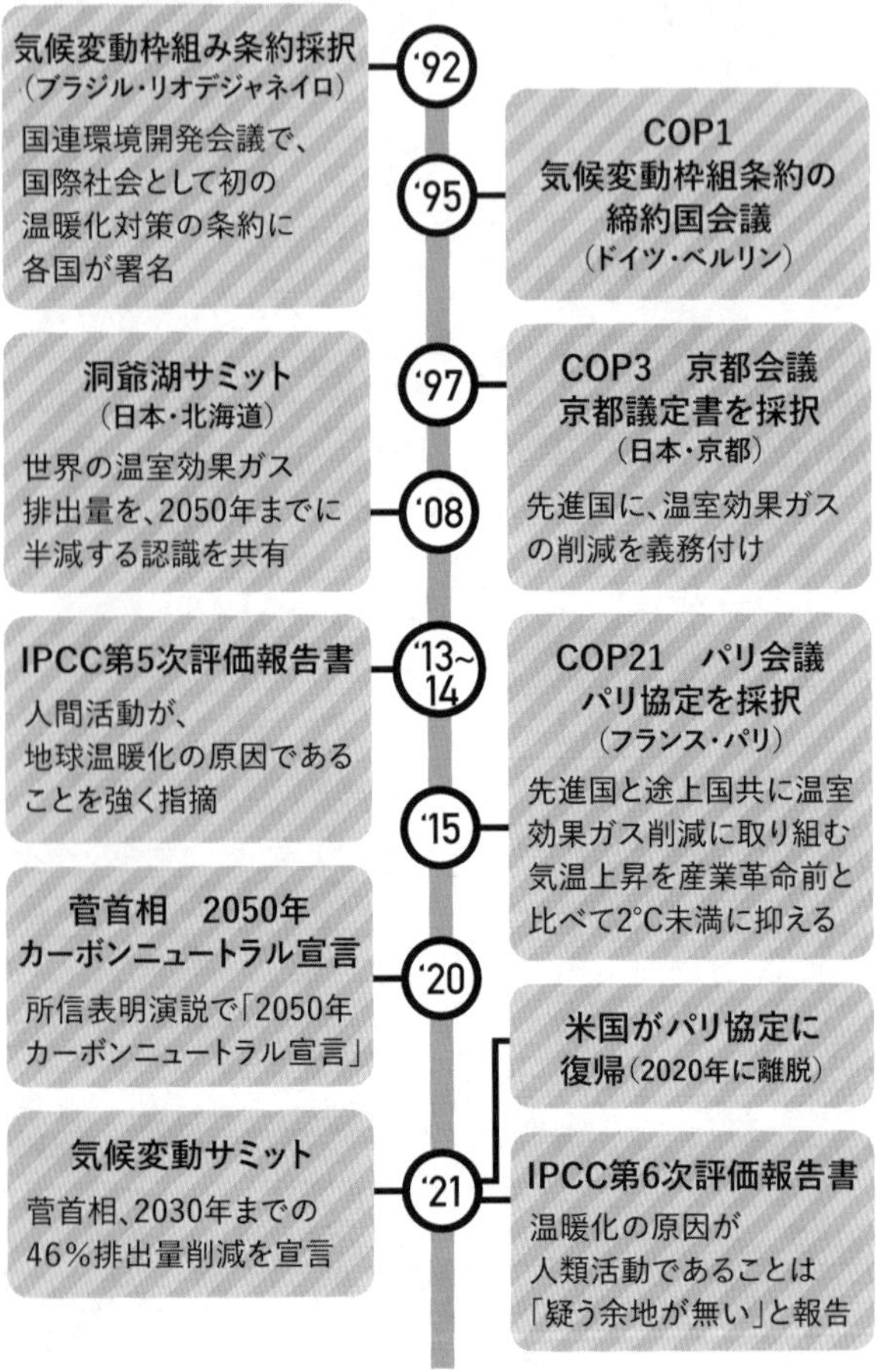
'92
気候変動枠組み条約採択
（ブラジル・リオデジャネイロ）
国連環境開発会議で、国際社会として初の温暖化対策の条約に各国が署名
'95
COP1
気候変動枠組条約の締約国会議
（ドイツ・ベルリン）
'97
COP3　京都会議
京都議定書を採択
（日本・京都）
先進国に、温室効果ガスの削減を義務付け
'08
洞爺湖サミット
（日本・北海道）
世界の温室効果ガス排出量を、2050年までに半減する認識を共有
'13~14
IPCC第5次評価報告書
人間活動が、地球温暖化の原因であることを強く指摘
'15
COP21　パリ会議
パリ協定を採択
（フランス・パリ）
先進国と途上国共に温室効果ガス削減に取り組む
気温上昇を産業革命前と比べて2°C未満に抑える
'20
菅首相　2050年カーボンニュートラル宣言
所信表明演説で「2050年カーボンニュートラル宣言」
'21
気候変動サミット
菅首相、2030年までの46％排出量削減を宣言
米国がパリ協定に復帰（2020年に離脱）
IPCC第6次評価報告書
温暖化の原因が人類活動であることは「疑う余地が無い」と報告

2025年「脱炭素」のリアルチャンス

目次

序章（はじめに）

第1章◆風を感じる

世界のお金の流れをつかめ！　41

第2章◆風の方向は？

第3章◆凪を理解する

そもそも温暖化は何が問題なのか？　133

第4章◆風に乗る

第5章◆風に乗り、羽ばたく

第1章◆風を感じる

ブームとトレンドを見極めろ!

カーボンオフセットバブルの終焉

人は誰でも「苦い経験」というのがあるでしょう。あまり人に話したくない経験です。かくいう私も、ビジネスでとても苦い経験があります。読者の方に話すのはこれが初めてです。

それは私が会社を始めて数年経った、２００７年頃にさかのぼります。私は、環境とＩＴで新たな事業を創造しようと思い、２００５年に会社を始めました。設立当初、心配してくれる経営者の先輩から「江田君。おやめなさい。環境はお金にならないよ」とありがたいアドバイスももらいました。

試行錯誤しながら数年経った２００７年。翌年に控えた北海道洞爺湖サミットに向けて、日本では「カーボンオフセット」や「排出権取引」がにわかに注目を集めます。

私は、カーボンオフセットという言葉に非常に魅力を感じました。

カーボンオフセットとは、企業などが温室効果ガスの削減活動等に投資して、他で排出される温室効果ガスを埋め合わせるという考え方です。

「カーボンオフセットが普及すれば、企業の成長と循環型社会の実現が両立できるのではないだろうか。しかもＩＴが非常に活用できそうだ」と私は予測します。カーボンオフセットという言葉と同時に「排出権取引」という言葉も使われました。排出権取引という仰々しい名称から金融のイメージが強かったようで、「空気を金儲けに利用しようとするなんて、けしからん」と怪訝《けげん》がられることもありました。

しかし、私は、カーボンオフセットの可能性を信じ、サービスを開発し、企業の支援を積極的に行いました。加えて、政府の国別登録簿に登録し、自社でも排出権取引に参加しました。

ビジネス市場は、少しずつ動きだします。「カーボンオフセットプロバイダー」と名乗り、企業の環境活動を支援する会社も続々と登場し、1年もすると20社以上に増えました。その後1年でマーケットはさらに盛り上がり、これが環境とビジネスが融合するきっかけになるだろうとの手ごたえと充実感を感じていました。

ところが、暗雲が立ち込めます。２００８年９月15日。リーマンショックです。リーマンショック以降、企業は環境貢献どころではなくなってしまいます。半年、１年かけて準備した計画が取り止めになりました。ほとんどのカーボンオフセットプロバイダーが事業縮小、撤退しました。数年すると、「カーボンオフセット」や「排出権取引」のことを誰も口にださなくなり、いつの間にか過去のものになってしまったのです。

先輩のアドバイスが的中したのです。企業にとって環境貢献は「実施してもしなくてもどちらでもよいこと」だったのです。

目の前から突如なくなってしまったマーケットを目《ま》の当たりにしながら、ビジネスの流れを読み切れなかった自分の未熟さを感じました。

脱炭素はブームかトレンドか

読者のみなさんの中にも、当時を知る方はいらっしゃるでしょう。最近の「脱炭素」の盛り上がりを「カーボンオフセットの時に経験した、デジャブ」のように感じる方もいらっしゃるのではないでしょうか。

リーマンショックで、日本企業は環境貢献活動から「一斉に」手を引きました。そして今、まさに新型コロナ危機からの「経済復興」のタイミングです。企業としては、自社の生き残りのために環境に配慮している余裕がなくなるかもしれません。「今回もあの時と同じ結末を迎えるんじゃないの?」と懐疑的な方がいても当然です。前回、一生懸命取り組んだ方ほど、そう思っているかもしれません。

しかし、**今回の脱炭素は、経営者やビジネスパーソンにとって無視できない存在になる可能性が非常に高い**のです。この本の中でご紹介していきますが、脱炭素がトレンドになりつつあるからです。

ビジネスでは、ブームとトレンドを見極めなければなりません。

ブームは一気に盛り上がりますが、数年でなくなるため、「自社への影響度合い」についてそこまで難しく考える必要はないでしょう。しかしトレンドは長期的に影響がありますので、しっかりと受け止めて「自社がどう対応するべきか」考える必要があります。

これまでにあったトレンドの1つが「企業のＩＴ化」です。企業のＩＴ化は90年代後半から進みましたが、当初はＩＴ化に対して懐疑的な経営者もいました。しかしＩＴ化自体がトレンドとなり、今ではデジタル化という形でさらに加速しています。ＩＴ化をブームと勘違いして取り組みが遅れた経営者は、せっかくの収益機会を失い、退場を余儀なくされました。

この本の中でじっくりとお伝えしていきますが、今回の脱炭素の流れは、ブームではなくトレンドである可能性が高いのです。

トレンドは一直線には成長しない！

脱炭素がトレンドである場合、厄介な一面があります。成長の予測が難しいことです。企業が適切にトレンドに対応するには、どれぐらいのスピード感で市場が成長していくのかを予測する必要があります。しかし、この予測が難しいのです。**なぜなら、トレンドは、線形ではなく非線形に成長するからです。**

線形の成長とは、「今年が10、来年は20、再来年は30」といった直線での成長です。毎日エクセルを使っているせいか、私たちは線形に慣れています。トレンドについても線形での成長をイメージします。もし時間に比例して線形に成長すれば、「3年後にはこれくらいになっているだろう」とある程度予測ができます。

しかし、非線形の場合、気がつくと一気に進んでいたりします。トレンドは非線形に

図2●トレンドの動き

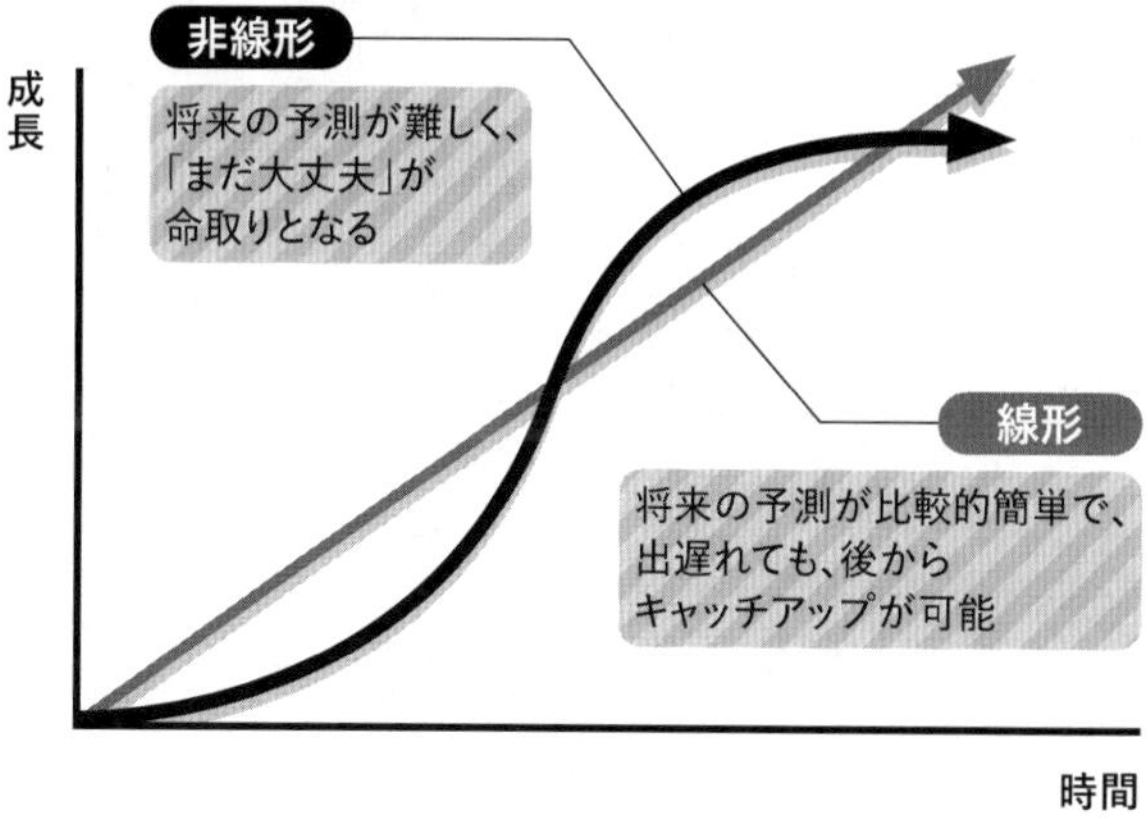
非線形
将来の予測が難しく、
「まだ大丈夫」が
命取りとなる
線形
将来の予測が比較的簡単で、
出遅れても、後から
キャッチアップが可能
成長
時間

成長するのです。ある時までは、トレンドの成長はそこまで感じられませんが、少し目を離していると一気に成長し、最新の動向に追いつくのが難しくなってしまいます。

スマートフォンの普及やネットフリックスなどのサブスクリプションサービス、オンライン会議システムの普及は、ビジネストレンドが非線形に成長した典型例です。

私たちが最初にしなくてはいけないことは、「脱炭素がブームかトレンドか」を見極めることであり、トレンドであった場合、「非線形に成長する」ことを忘れないことです。

ガラケーの二の舞にならないように

ドコモが始めた画期的なサービス、i-mode（ｉモード）。懐かしい響きすらあります。通話とメールしかできなかった携帯電話でインターネットができるようになり、新たな領域を切り開きました。

１９９９年にサービスを開始し、２００５年くらいまでは、ドコモのi-modeやａｕのEZwebを看板に、日本の携帯電話は世界をリードします。そして日本の携帯電話ビジネスモデルを、世界に展開しようとする動きが活発に行われます。国際的な提携発表が毎月のように行われる一方で、国内でも携帯コンテンツ産業が花開きました。

一時は世界をリードしていた携帯。しかし、発展の方向を誤り、敗北してしまいます。その後、すべてをスマートフォンに持っていかれたのです。

スマートフォンが発表された時、「日本では流行らない。携帯で充分。大丈夫」という意見が大半を占めます。確かに当初のスマホはバッテリーがあっという間になくなりました。私も当時、替えのバッテリーを2つくらい持ち歩きながら、充電を気にしてスマホを使っていることに違和感がありました。しかし、３年も経つと、バッテリーが進化し、アプリも充実し、日本にある携帯電話メーカーのほとんどが駆逐されてしまいます。

どのような発明も、世の中に現れた当初は、実用価値がなく「おもちゃ」だと思ってしまいます。それがいつの間にかどんどん良くなっていき、気がつくと競合商品になっています。

古くはフィルムカメラとデジタルカメラがそうでした。**どっぷりとその業界に浸ってしまっていると、どうしてもこの「おもちゃ」から「競合」になるまでの時間を見間違えてしまいます。**

携帯電話がガラケー（ガラパゴス携帯の略）と言われるほど、日本市場では最適に進化したことも仇《あだ》となりました。ガラケーは、あくまでも「電話とそれ以外」に留まってしまったのです。それに対して、スマートフォンは、「通話はワンオブゼム。何百もある機能の1つ」と再定義し、進化し続けます。

今後、脱炭素社会への移行という大きな流れの中で、各産業で大転換が起こります。まさに下剋上です。現在の売れ筋商品をバージョンアップすれば、受け入れられるとは限りません。**日本企業は、ガラケーと同じ失敗を繰り返してはいけません。**世界中を巻き込んだ風の流れを常に意識しなければいけません。

世界のお金の流れをつかめ！

「いつか余裕ができてから」という固定観念

著者世代に染みついている考え方があります。それは、「環境貢献は企業がわざわざやることではない。するとしても充分に余裕ができてからすればよい」というものです。

社会貢献、環境貢献自体は否定しないものの、企業にとってはコストであり、利益を圧迫してしまうという固定観念です。「社会や環境への貢献に熱心で、会社業績が下がってしまったら本末転倒だ」という声もあります。「社会・環境対応＝コストアップ」という心理的ハードルが、多くの現役世代にあるのでしょう。

では、なぜ、こんなにも「社会・環境への貢献は、二の次」というイメージが染みついているのでしょうか。1つには、「企業は経済活動に集中すればよい」との主張が有識者から発せられ、それが色々な場所で喧伝《けんでん》されていたこともあるでしょう。

例えば、1976年にノーベル経済学賞を受賞したミルトン・フリードマン氏は、「The social responsibility of business is to increase its profit.（ビジネスの社会的責任とは、利益を上げることである）」とニューヨークタイムズに寄稿しています。フリードマン氏のような著名人の考えに啓発され、「仕事に集中して、自分も国も豊かになろう！」と呪文のように言い聞かされてきたのかもしれません。

日本が経済成長していった昭和は、そういった時代だったのでしょう。私も小さな頃から「お金が稼げるようになって一人前。まずは家族を養うことが大切。仕事を一生懸命にすれば、自ずと社会に貢献している」という言葉を信じて育った世代です。

もう1つあげると、「AかBか」の二択は、考えやすいという理由もあります。「自社の成長か、社会貢献か」にすることで、二者択一の選択問題になり、どちらかを選べばよくなります。

企業が優先するべきは、「自社の成長か、社会貢献か」という選択問題であれば、当然「自社の成長」を選択します。その結果、企業経営において、自社の成長のために、社会貢献についてはあまり考えなくてもよいという暗黙のルールができあがるのです。

世界のお金はどこに向かっているのか？

これまでもCSR（企業の社会的責任）活動やコーズリレーティッドマーケティング（商品を購入することで環境保護や社会貢献を応援できるキャンペーン）など「経済活動と社会・環境活動」の融合を図る取り組みは何度かありました。しかし、社会への拡がりは限定的でした。まだまだ、「社会貢献は、政府やNPOに任せておけば良い」「企業は、お金が余った時に寄付をすれば充分」という考えが根強いのでしょう。

企業は様々な理由から、お金に直結しない「環境や社会貢献」に積極的に関わることを避けてきました。気候危機や地球温暖化は、あくまでも対岸の火事であり、脱炭素についても「反対まではしなくても様子見」という経営者やビジネスパーソンも多いでしょう。

では、これまで同様に今後も「経済活動と社会・環境活動」は相反するもので、両立はしないのでしょうか。

結論から申し上げると、世界の流れは変わり始めています。世界のお金が気候危機への対応を求めだしています。投資先、融資先である企業に「利益のみ」から「利益と環境貢献」の両方を求め始めています。

年金基金、投資家、金融機関は、気候危機や地球温暖化を環境だけの問題としてとらえるのではなく、経済や企業も巻き込んだ問題として、とらえ直し始めているのです。

例えば、ＥＳＧ〈Environment〈環境〉、Social〈社会〉、Governance〈ガバナンス〉〉スコアの高い株が買われ、そうでない株が売られています。２０２０年の世界のＥＳＧ投資額は、約３９００兆円にものぼり、全運用資産の約36％です。

日本でもＥＳＧ投資の市場規模は急激に増加しています。再生可能エネルギー、環境不動産などの環境事業に資金を使う債券であるグリーンボンドの残高も増え続けています。

「自社の利益と社会貢献」の同時達成が難しいことは変わりません。しかし**年金基金、**

投資家、金融機関は、両立を目指す企業を探し求めています。

リスクが増えれば増えるほど減らしたいという焦りが働く

どうしてお金の流れが変わってきたのでしょうか。いくつかの理由があると思いますが、その1つに「世界はリスクに溢れている」ということがあります。

アジアや中東での紛争、新型コロナウイルスのようなパンデミック、サイバー攻撃など、世界は複数のリスク要因を抱えています。

複数のリスクが同時発生すると、私たちの社会、経済、生活へのダメージはより深刻になります。例えば、新型コロナウイルスが蔓延し、外出できないタイミングで大規模な自然災害が起こった場合、復旧がままならず、通常時よりも被害は深刻になるでしょう。

様々なリスクが顕在化すればするほど、「抑えられるリスクは少しでも抑えていきたい」という心理が働きます。年金基金、投資家、金融機関は、お金の流れを使って気候危機がもたらすリスクを抑えておきたいと考え始めているのです。

リスクは1つじゃない。企業に降りかかる様々なリスク

気候危機や地球温暖化が進む過程で、企業にはどのようなリスクが想定されるのでしょうか。少し整理してみましょう。

リスクは、「直接リスク」と「間接リスク」に分けることができます。

直接リスクは、海面上昇や異常気象などが企業の事業に影響を与えるリスクです。例えば、店舗や工場の被災、農作物の被害、社員の健康被害なども直接リスクです。比較的、想像しやすいと思います。

間接リスクは、少し複雑です。代表的なリスクに「移行リスク」があります。「移行」とは、脱炭素社会へ移行していくことを指しており、**企業が脱炭素社会への移行に対応できずに業績を落としてしまうリスク**です。

他には「訴訟リスク」もあります。企業が消費者などから気候危機への対応の不手際で訴えられるリスクです。実際に気候危機関連で企業や政府を相手取った訴訟は増えています。例えば、石炭火力発電所新設差し止め訴訟や、森林保全などの環境保護を怠ったことに対する訴訟です。２０２０年は世界30カ国以上で１５００件を超えるとの報告

もあります。

予測不能が生み出す負の連鎖

予測ができる。予見が可能であるということは、とても重要です。予測ができないと無駄な動きをしてしまう、そもそも動けなくなってしまうからです。

例えば、明日から３泊４日の登山旅行を計画していたのに、「４日間の天候が全くわからない」とどうでしょうか。傘は必要か、洋服は足りるか、防寒は問題ないか、準備をしていても不安に苛《さいな》まれます。無駄に荷物が増えてしまいます。そもそも不安が募り、登山旅行をキャンセルするかもしれません。

私たちは、ある程度の予測ができるからこそ、行動することができるのです。

地球温暖化については、これからどれくらい気温が上昇するのかということについて、複数のシナリオが報告されています。

もちろん、１・５℃の気温上昇の場合と４℃の気温上昇の場合は、私たちの生活への影響が大きく異なります。４℃の気温上昇になった場合は、激しい雨による水害、大型台風、猛暑の増加、海面の70センチ以上の上昇等が懸念されています。

より問題なのは、実際に温暖化が「どれくらいのスピードでどの程度まで進むのか、30年後の社会にどれくらいの影響を与えるのか」が誰にもわからないことです。**どれくらいのスピードで、どの程度まで進むか、わからないということは、ビジネスにおいて大問題**です。気温上昇が1・5℃に抑えられるのか4℃の上昇を覚悟する必要があるのかがわかっていれば、対策を練ることもできます。しかし、どちらの可能性もあるとなると、自社の将来にどのような影響があるかの予測が難しくなります。事業の長期的投資などの計画が立てづらくなります。

例えば、空調メーカーであれば、温暖化の影響で10年後の製品売上の予測が困難になると、新製品開発や工場新設の判断がしづらくなります。突発的な自然災害を懸念して、事業の拡大や新たな地域への進出を躊躇《ちゅうちょ》する小売店や飲食店もでてきます。食品メーカーなら、収穫高の予測が困難になると商品の生産に影響がでるでしょう。企業の様々なリスクを引き受ける保険会社も将来の災害が予測できない場合、保険自体を引き受けられなくなります。

予測不能な状況に誰もが萎縮してしまいます。企業が積極的な行動を取れなくなると、経済全体の停滞につながります。すると、お金の循環も滞《とどこお》ります。お金が循環しなくなると、株価の下落、リストラ、消費のダウンという負の連鎖に陥るかもしれません。

最悪の事態ではありますが、こういったことも懸念されているのです。

財務情報を疑え！「見えないものを見たい」という欲望

財務三表、ＢＳ・ＰＬ・ＣＦ。これまでは、企業のＢＳ（貸借対照表）、ＰＬ（損益計算書）、ＣＦ（キャッシュフロー計算書）等の財務情報を確認することで、企業の価値を把握することができました。

しかし、**財務情報では、読み取れない情報に関心が集まっています。**読み取れない情報とは、例えば、経営戦略・経営課題、リスクやガバナンスに係る情報等です。

こういった情報を総称して、「非財務情報」と呼びます。**この非財務情報を「なんとかして見たい」という欲望が世界的に高まっています。**そうすれば、短期利益に固執し、持続可能な取り組みをなおざりにしている企業を炙り出せるからです。

いわば、正直者が馬鹿を見る状況を阻止できて、長期視点を持つ企業を見つけ出し、応援することができるからです。

企業の非財務情報を数値化する動きが活発になっています。わかりやすくいうと、非財務情報に値札（価格）をつけていくのです。非財務情報に値札（価格）をつけることは、この10年で試行錯誤されてきました。

世界の様々な団体で取り組まれた手法が徐々に共通化されつつあります。共通化することはとても大切です。共通化されることで、企業の比較がしやすくなり、優劣の評価もしやすくなります。適切に評価されることがわかれば、企業側の関心や参加意欲も高まります。非財務情報の積極的な開示を自社の成長チャンスとしてとらえる企業も現れます。

「そもそも数値化できないから、非財務なのではないか」「本当に数値化できるものか」と疑念を抱く読者の方もいると思いますが、非財務情報をなんとか数値化し、評価できるようにすることで、投資先、融資先を吟味し、企業の行動を変えていこうという動きが大きくなっているのです。

日本語にしづらい「イニシアティブ」について

非財務情報を見るための指標として生み出されているのが**「国際的イニシアティブ」**です。

「イニシアティブ」。私はこの言葉には非常にとっつきにくい印象を受けます。日本語で言い換える言葉が見当たらないのが理由でしょうか。

「イニシアティブ」は、一般的には「主導権」などとも訳されますが、脱炭素の文脈でよく使われる「国際的イニシアティブ」などでは、少し意味合いが違ってきます。

あえて日本語をあてはめると「率先して参画が期待される国際的な制度」などでしょうか。

気候危機関連でも先ほどの非財務情報に焦点を合わせた「国際的イニシアティブ」が多数存在します。例えば、TCFD、CDP、RE100、SBTなどです。参加することは企業の義務ではありませんが、参加することが「望ましい」といった位置づけです。

すべての「国際的イニシアティブ」をこの書籍では残念ながらご紹介できませんので、その中の1つであるTCFD（気候関連財務情報開示タスクフォース）についてご紹介します。ＴＣＦＤは、企業の気候危機への取り組みや影響に関する情報を開示する枠組みです。ＴＣＦＤを紹介するのは、「国際的イニシアティブ」の中でも主要な１つであり、日本企業が多数参加しているからです。

ＴＣＦＤの主要メンバーの１人は、私が以前から注目している世界的大富豪のマイケル・ブルームバーグ氏です。ブルームバーグ氏をご存じの方も多いかもしれませんが、少しだけ紹介します。

彼は１９８０年頃、39歳で長年勤めた投資銀行のソロモン・ブラザーズをお家騒動で追い出されます（その時の退職金が、約10億円！）。引退して、悠々自適に過ごしてもよかったわけですが、クビにされた反骨心から業界への逆襲を始めます。突破口として金融業界に情報産業という新しい考え方を導入し、ついに大逆転します。その後は、巨万の富（現在は約８兆円！）を築き、ニューヨークの市長としても活躍しました。

金融業界に「情報」という新しい概念を導入し、グローバルサービスに育て上げた先見性と手腕、そしてガッツを私はとても尊敬しています。そして、この脱炭素社会への大きな転換と通じるものを感じます（興味のある方は、書籍『メディア界に旋風を起こす男ブルームバーグ』〈東洋経済新報社〉をお勧めいたします！）。

ＴＣＦＤのサイトのトップページには、ブルームバーグ氏の動画が掲載されています。氏は動画で、「コロナが経済に与える影響も甚大だが、気候危機が与える影響はもっと甚大だ」という趣旨の発言をしています。

ＴＣＦＤは、気候リスクへの対応を企業、金融機関の双方に求めています。特に企業リスクの明確化を主要な目的としています。企業リスクを明確化し、適切に開示することを重視しています。

ＴＣＦＤは２０１７年６月に最終報告書を公表し、企業に対して気候危機関連のリスクおよび機会に関する、４つのテーマについて開示することを推奨しています。

1ガバナンス：どのような体制で検討し、それを企業経営に反映しているか
2戦略：短期・中期・長期にわたり、企業経営にどのような影響を与えるか、またそれについてどう考えたか
3リスク管理：気候危機のリスクについて、どのように特定、評価し、またそれを低減しようとしているか

4指標と目標：リスクと機会の評価について、どのような指標を用いて判断し、目標への進捗度を評価しているか

２０２１年10月には新たなガイダンスを発表し、企業がパリ協定に沿ったネットゼロ移行の計画を開示するため、スコープ1、2、3の温室効果ガス排出量など、7つのカテゴリにおける指標の情報開示も追加しています。

日本国内では、２０２１年6月の上場企業向けガイダンスである、コーポレートガバナンス・コード改訂が発表されました。最上位市場（プライム）では、ＴＣＦＤによる環境情報開示が強く推奨されています。

一方で未上場企業や中小中堅企業には関係ないかというと、そうでもありません。**上場企業はＴＣＦＤに対応するために、ＴＣＦＤの推奨対応項目を取引先にも求めます。**そのため、上場企業と取引をする未上場企業や中小中堅企業は、規模に関係なく脱炭素の推進は必須となります。

ＴＣＦＤ、ＣＤＰ、ＲＥ１００、ＳＢＴ等の様々な「国際的イニシアティブ」が生ま

れていることは何を示唆しているのでしょうか。先ほども申し上げたように、このことが意味するところは、各々が独自に進めていた時代から、世界全体としての方向性やコンセンサスが生まれつつあるということです。２０１０年代は、「国際的イニシアティブ」が誕生し、浸透していくタイミングでした。

企業にとって、「国際的イニシアティブ」は義務ではないので、無視することは可能です。**しかし、無視を決め込むことはリスクを抱え込むことにつながります。**各イニシアティブに参加するべきかを能動的に検討していくことが大切です。

その際、「イニシアティブが提出を求めている情報が何か」に加えて、誰が（どのようなバックグラウンドをもつ人が）主体となり、どのような目的で設立したかにも注目することで、理解が深まります。もちろん、自社が取り組むべきかどうかの判断にも役立ちます。

聞きなれない3つの言葉

企業で脱炭素に取り組み始めると、先ほどの「イニシアティブ」以外にも普段、なかなか聞きなれない言葉に遭遇します。ここでは、私が大切だと思う3つの言葉を紹介します。1つは、外部不経済。2つ目は、ダイベストメント。3つ目は、座礁資産です。

①「外部不経済」が明るみにでる時代

知らず知らずのうちに周りに迷惑をかけている。そういったことは誰にでもあるでしょう。後から迷惑をかけていたことに気がついて、少し恥ずかしくなることもあります。

「外部不経済」とは、例えば、企業活動が周りの住民や環境に悪影響を与えることです。私が小さい頃によくニュースで流れていた公害問題も「外部不経済」の一例です。

ジョージ秋山さんの漫画『銭ゲバ』を読んだことがある方であれば、『銭ゲバ』の主人公「風太郎」を思い出してみてください。風太郎は、自社が引き起こす公害問題について最後まで認めようとしませんでした。政治家への賄賂や住民に圧力をかけて解決しようとします。「外部不経済」を揉み消そうと画策するのです。

『銭ゲバ』の舞台は、1970年代。当時は風太郎のように自社の利益を最優先し、外部で何が起こっても関係ないというスタンスを取ることができました。なぜなら、今よりも企業活動と環境汚染との因果関係の証明や、証拠を集めることが難しかったからです。その場合、該当企業ではなく社会全体で費用負担し、解決しました。

しかし、現在は、そういった「揉み消し」が通用しなくなりつつあります。なぜなら情報が隠せなくなってきているからです。デジタル化により様々なデータを取ることができますし、ソーシャルメディアの発展などで企業が情報操作や隠蔽をすることは年々難しくなっています。内部告発も増えています。「外部不経済」が明るみにでる時代になったのです。

地球温暖化に影響する温室効果ガスの排出に関しても、同様の動きが進んでいます。排出した企業にコスト負担という形で責任を取ってもらおうという動きです。

たとえるなら、自分の家で出たゴミをどんどん敷地の外に捨てていった。周りの住民はとても困ってしまった。でも誰が捨てたかわからないので、「しょうがない」からみんなで片づけた。ところが、防犯カメラを設置したら、犯人がわかった。いつ、何個、ゴミを捨てているかもわかった。周りの人からの反応はどんどん冷たくなる。そして、ゴミも自分の敷地にもどさなくてはいけないというルールができた。

結局、最後には自分で責任をとらなくてはいけなくなる。そういった時代になってきたのです。

②ダイベストメント

ダイベストメントは、「投資撤退」と訳されます。投資＝インベストメントの逆の意味です。

脱炭素の文脈では、「思わしくない企業への投資を行わない」という意味で使われます。

年金基金、投資家、金融機関は、投資先、融資先企業の「外部不経済」への関与を調べます。そのうえで、気候危機への対応に消極的な企業からお金を引き上げます（ダイベストメント）。彼らにとっては、**地球環境に配慮しない企業は、リスクのかたまり**です。今は利益をあげていても、将来的に消費者からの訴訟、不祥事の発覚等で株価が急落してしまう可能性があるからです。

一方で、脱炭素化を積極的に推進する企業や、気候危機や地球温暖化の対策に貢献し得る企業へ投資や融資をします（インベストメント）。

莫大な資金を運用していればいるほど将来を見通したい、**より長期的に安全に着実に成長する企業に投資したいと考えている**のです。

具体的には、石炭、石油関連企業からのダイベストメントが進んでいます。政府系ファンドや年金基金が２０１５年頃からダイベストメントを開始しました。ダイベストメントの流れを受け、日本の商社や銀行も石炭火力の新規開発停止、新設への融資取り止めを発表しています。90年以上、ダウ工業平均の銘柄であった石油大手、エクソンモービルが２０２０年、ダウ工業平均の対象から外れたのもこの流れの一環でしょう。

驚くかもしれませんが、ダイベストメントは、「私たちの意思」でもあるのです。私たちは長期的な安全を望みます。私たちのお金を預かっている金融機関は、それを実現してくれる企業に投資や融資をし、企業に持続可能な成長を求めます。ダイベストメントは、私たちの将来に「とんでもないことが起こってほしくない」という意見の集約ととらえることができます。

③座礁資産

座礁資産とは、資産だと思っていたものがある日突然、負債になることです。「船が座礁してしまった！」の座礁です。昨日まで価値があると思っていたものが、実はその価値がなくなってしまっていたという状況です。

脱炭素の文脈では、石炭、石油、天然ガスなどの化石燃料の座礁資産化が注視されています。例えば、なぜ資源会社に価値があるかといえば、今後、採掘できる化石燃料の権利をたくさん保持し、将来の収益が見込めるからでしょう。将来の収益が企業価値に反映されています。しかし、脱炭素の流れで「もう資源は採掘できない」となってしまったら。企業価値は暴落するでしょう。

石油の需要は、コロナにより減少しました。定かではないですが、石油の需要ピークを過ぎたとの指摘もあります。加えて、石炭火力発電廃止時期を各国が発表しています（フランス2022年、英国2024年、イタリア2025年、スペイン2030年、カナダ2030年、ドイツ2038年等）。黒いダイヤと言われた「石炭」は、輝きを失い始めています。

すでにグローバル企業は、したたかに資産の入れ替えを始めています。座礁資産を手放し始めています。**座礁資産になりそうな権益を売り払い、得たお金で次々と脱炭素社会に伸びそうな分野の企業を買収しています。**

例として、「シェル」の動向を紹介します。ご存じの方も多いと思いますが、同社は、ヨーロッパ最大級のエネルギーグループであり、グループ企業は１４５の国に広がり、世界中に47以上の製油所と、４万店舗以上のガソリンスタンドを展開、日本でも１００年以上前からビジネスをしています。

シェルは、温暖化ガスの排出量を２０５０年までに実質ゼロにする野心的な中長期戦略を発表しました。新たなビジネス機会の創出を目指し、ゾンネン（sonnen）という欧州最大手の蓄電池メーカーを買収。それ以外にも数十社の買収・事業提携を行っています。20世紀の石油メジャーは、座礁資産を手放し、脱炭素社会でのエネルギープラットフォーマーへの布石を着々と打っています。

これからの企業はＩＱだけでは生き残れない！

繰り返しになりますが、今後、企業はＩＱ（知能指数：Intelligence Quotient）に加えてＥＱ（感情指数：Emotional Quotient）も求められます。

EQは心の知能指数とも言い換えることができます。

IQ＝知能指数、思考力や問題解決力が高い
EQ＝感情指数、自ら共感し、共感を得ることができる能力

企業のPLやBSといった財務諸表がIQをあらわしているとすると、今求められているのは、そこからはわからない部分についてです。「これからの社会にとって相応《ふさわ》しい心をもち合わせた企業か？」というEQの部分です。

投資家も消費者もIQだけで企業を評価する弊害、限界を感じ、「EQの高い企業を応援したい」と考え始めています。その背景には、これまでお話ししたように、地球という1つの土壌で多くの国や企業が今後も発展していかなくてはいけないという制約があるからです。

外部不経済をもたらす企業は当然ですが、気候危機や地球温暖化の対策に積極的でない企業もダイベストメントの対象になり得ます。座礁資産を抱え込んでいると判断されると企業価値も下がっていきます。逆にいうと、対策ができている企業にはお金が集ま

ります。ますます強くなっていく、正のスパイラルが働き出します。

企業が脱炭素社会で活躍するためには、PL／BS重視から無形資産や長期発展性重視へのシフトが大切です。これからの経営者やビジネスパーソンは、年金基金、投資家、金融機関、消費者の問題意識に共感し、自社の方針と重ね合わせていけるかが問われます。「このやり方で良いのだろうか、地球に迷惑をかけていないだろうか」と胸に手をあてて考えることができる、企業やビジネスパーソンが求められているのです。

脱炭素と世界の富豪たち

世界の富豪は何に投資しているのか？

フォーブス誌が発表した２０２１年の世界長者番付は、以下の通りです。

1位は、Amazon.com 創業者のジェフ・ベゾス　約20兆円
2位は、テスラ共同創業者のイーロン・マスク　約17兆円
3位は、ＬＶＭＨ会長のベルナール・アルノー　約17兆円
4位は、マイクロソフト創業者のビル・ゲイツ　約14兆円
5位は、Facebook 創業者のマーク・ザッカーバーグ　約11兆円　です。

5人とも一代で10兆円を超える巨万の富を築きました。お金儲けの才能に溢れた彼ら

がこれからの社会をどのように見ているかは気になるところです。

それに世界の富豪たちは、脱炭素について関心があるのでしょうか？

答えはＹｅｓです。**世界の富豪たちは気候危機に非常に敏感です。**理由は今までお伝えしてきたように、気候の悪化が予測不能な影響を及ぼす可能性があるからでしょう。彼らが持つ莫大な資産は、地球の様々なものに投資されています。世界があまりにも大きく変わってしまうと、自分の資産が極端に目減りする可能性があります。世界の富豪にとっても、世界が気候危機を乗り越え、安定的に成長していくことが望ましいのです。

数兆円のお金が飛び交う、知られざる実態

世界の大富豪が脱炭素にどれくらい投資しているか。少し具体的に見てみましょう。

世界長者番付1位　ジェフ・ベゾス

ジェフ・ベゾス氏は、ベゾス・アースファンドを創設しています。同ファンドは、気

候危機に取り組む科学者、活動家、非政府組織（NGO）などに資金を提供し、自然保全や保護に役立つ可能性のある取り組みを支援することを目的にしています。

２０２０年２月に立ち上げを発表し、同年11月にThe Nature Conservancy、Natural Resources Defense Councilを含む16の組織が最初の資金提供先として、合計７・91億ドルが寄付されることが発表されました。２０３０年までに１００億ドル（約１兆１０００億円）を拠出することにコミットしています。

世界長者番付2位　イーロン・マスク

テスラ共同創業者のイーロン・マスク氏は、二酸化炭素（以下CO_2）を大気中から永久に取り除くために最も効果的な技術を開発した人に１億ドルの賞金を贈る、XPRIZEコンテストを発表しました。２０２１年４月22日から２０２５年４月22日までの４年間にわたって行われるこのコンテストは、大学、企業、個人など、誰でも応募することができます。

受賞者は４年後に決定され、賞金は複数の受賞者に分配されます（優勝者に５０００万ドル、準優勝者〈最大３名〉に３０００万ドルなど）。コンテストの応募条件は、年間１

キロトン以上のCO_2を除去できるシステムを本格稼働させること、回収したCO_2を100年貯留できることを証明すること、除去能力を年間ギガトン規模に拡大するための道筋を示すことです。

マスク氏は、2002年に財団を創設しており、宇宙探査や再生可能エネルギーなど、マスク氏のビジネスに関連した分野に資金を提供しています。その他、マスク氏は環境保護団体、Sierra Club に600万ドル以上を寄付しています。

世界長者番付4位　ビル・ゲイツ

ビル・ゲイツ氏は、気候危機に取り組む企業に投資をすることを目的にブレイクスルー・エナジー・ベンチャーズ（BEV）を2016年に設立しました。BEVは、10億ドル規模のファンドで、先ほどのジェフ・ベゾス氏、ジャック・マー氏、孫正義氏などのIT企業家らが投資家として名を連ねています。

2050年までに世界のCO_2排出量の実質ゼロを実現するためのイノベーションを支援しています。従来の技術系ベンチャーキャピタルは通常、投資の回収期間を5年等と定めていますが、BEVは20年スパンで投資を行い、商用化の可能性がある企業にはさらに多額の資金を提供するアプローチをとっています。これまで20億ドル以上を調達し、11カ国の80以上の企業に投資しています。

投資先企業の分野は、CO_2貯留技術、省エネ、太陽光発電、蓄電、熱供給、バイオ燃料、食料品、鉄鋼、ヤシ油代替品、脱炭素コンクリート、核融合エネルギー、CO_2フリーディーゼル燃料、天然ガスの脱炭素推進、地熱発電、微生物発酵、空気清浄、水素燃料、電気飛行機、農業、モビリティ、林業、水力発電、肥料、EV用蓄電池、電力、廃棄物、水供給、電気モーター　などと多岐にわたります。

投資先企業としては、全固体電池の QuantumScape、水素燃料電池飛行機の ZeroAvia 等があります。

私にとっては、10億円でも大変な金額ですが、1兆円という、想像を超える金額を寄付や投資しています。彼らは、社会貢献への思いだけで、これらを行ってはいないでしょう。EQだけでなくIQで考え、より長期的に効率よく資金を増やせる先として「脱炭素の推進」を選んでいるのではないでしょうか。

やはりバブルが発生？　世界が「脱炭素社会」になる値段は？

そもそも世界を脱炭素社会に転換するには、どれくらいのお金がかかるのでしょうか？

国際再生可能エネルギー機関（IRENA）は、２０５０年に世界全体の脱炭素達成には、最大１３０兆ドルのエネルギー投資が必要であると発表しています。単純計算すると1年で約４００兆円の投資が必要になります。日本の国家予算（一般会計）が年１００兆円程度です。

この数字からも、世界が脱炭素社会に移行することがどれだけ大変なことかが想像できます。

一方でこれだけの規模のお金が必要ということは、**脱炭素はこれから20年、30年という長期で「お金が流れ込む」分野だととらえることもできます。**脱炭素への転換は、世界規模の「富の移転」をもたらすのです。

「富の移転」とは、ある人・企業・国から別の人・企業・国にお金が移動することです。移転のタイミングに新たなビジネスチャンスがあります。すでにビジネスチャンスを求めて、様々な投資分野が生まれています。興味深い例をいくつか紹介します。

1つ目は、インパクト投資です。インパクト投資は、ESG投資の一種ですが、環境や社会への良い変化を生み出すことが投資の第一目的です。投資先分野としては、「食料の安定確保／持続可能な農業」「再生可能エネルギー」「健康／医療」などがあります。経済的なリターンと同時に、計測が可能な、社会への良い影響を生み出せることが投資条件です。投資対象は、未公開株（株式公開していない株式）や債券が中心です。

2つ目は、「クライメートテック：Climate Tech」という分野のベンチャー企業への投資です。クライメートテックは、CO_2排出量の削減や地球温暖化対策に焦点を合わせた技術です。海外では、クライメートテックに特化した5000億円規模のベンチャーキャピタルが設立されています。クライメートテック分野では、企業評価額が10億ドル以上で、設立10年以内の非上場ベンチャー企業である「ユニコーン」が誕生し始めています。

3つ目は、カーボンクレジット市場です。仕掛け人の1人は、英イングランド銀行の元総裁であるマーク・カーニー氏です。マーク・カーニー氏は、先ほどご紹介したTCFDの設立にブルームバーグ氏と共に大きく関与しました。現在、マーク・カーニー氏は、自主的カーボンクレジット市場の立ち上げに尽力しています。カーボンクレジット市場が2050年には現在の150倍以上に拡大すると予想されており、それを見越しての動きです。

脱炭素に流れ込む大量のマネー。それを期待して生まれる新たな投資分野。それらを勘案すると「これはやはりバブルになるだろう」と誰もが気がつくでしょう。「脱炭素バブル、グリーンバブル」はすでに始まっているのかもしれません。

お金儲けのネタになってしまうことで、結果的に経済がおかしくなってしまうという懸念もあります。例えば、ベンチャーキャピタルから投資を受けたクライメートテック分野のベンチャー企業の10社中9社は生き残れないでしょう。

バブルになることを私は否定しません。バブルが良いとも思いません。しかし、毛嫌いもしていません。ビジネスパーソンとして「なぜ、干し草に火がつくように燃え上がっているのか。なぜ、火の勢いが強くなっているのか」を冷静に考えます。

それは、**それ自体が多くの人にとってメリットがあるからです。脱炭素化は、社会・経済の下剋上であり、富の大移転です。**バブルであると考えるなら、巻き込まれるのではなく、企業は、「したたか」かつ「しなやか」に乗り越えていかなくてはいけないのです。

脱炭素と私たちの大切なお金

対岸の火事ではすまされない不都合な真実

「自分は大富豪じゃないから関係ないよ」と思われた読者の方もいらっしゃると思います。しかし、脱炭素社会への転換や気候危機は、巡り巡って私たちのお金にも影響します。

例えば、自社や取引先が脱炭素社会に対応できず、業績悪化に巻き込まれる可能性があります。個人で投資をしている場合は、投資先が脱炭素社会に対応できずに株価が下落する可能性もあります。もちろん、適切な対応によって株価が上がることもあるでしょう。

日本全体がこの流れに上手く対応できないと、ダイベストメントの対象になる企業が続出したり、多くの座礁資産を抱え込んでしまうかもしれません。多くの日本企業が業績悪化すると、リストラ、消費ダウン、景気低迷へとつながります。私たちが将来受け取れる年金にも影響してきます。大げさかもしれませんが、税収悪化、行政力低下、国力低下も懸念されます。

将来、気候危機が悪化し、予想もしない災害が頻発してしまうと、世界経済がパニックに陥るでしょう。そうなるとリーマンショックのような世界同時不況も考えられます。2020年1月に国際決済銀行が発表した「グリーン・スワン報告書」では、気候危機がきっかけとなり、世界を巻き込んだ金融危機になる懸念が指摘されています。私たちも「富豪ではないから大丈夫」と高みの見物はしていられないのです。

気候の悪化が予想外の出費に

地球温暖化は、様々な問題を引き起こします。「少し暖かくなる」だけではすまないのです。暖かくなることが多くの事象の引き金になり、投資や年金以外にも私たちの生活に影響を与えます。いくつか例をご紹介します。

1．災害時の出費増

災害がわかりやすい例ですが、災害の予防、減災ができれば、コストも被害も少なくてすみます。逆に災害が起こり、巻き込まれてしまうと、どれだけ費用がかかるか、予想できません。

気候危機によって災害が増えると、いつ大型台風で被災するかわからない不安を抱え続けなければいけません。この数年に起こった千葉や大阪を襲った台風も他人事とは思えません。台風や水害が多発すると、住宅や車などの資産をもっていることがリスクになってしまいます。せっかく栽培した農作物が被害にあう、事務所やお店、工場が水没して事業継続ができなくなるケースもでてきます。毎年、誰が被害を受けるかわからない、ロシアンルーレットをしているようなものです。

2. 保険の掛け金がアップ

ご存じかもしれませんが、すでに最近の災害増加に伴い、住宅保険の掛け金などがアップしています。ジワジワと家計に影響しているのです。背景には、災害の増加による保険支払額の増加があります。保険会社は災害を想定して、支払う保険金の積み立てを行っていますが、ここ数年、想定外の支払いが増えています。想定以上に保険会社の保険料支払いが増え、資金が枯渇し、私たちの保険掛け金の上昇へと跳ね返ってきています。

家計だけではありません、企業が掛ける様々な保険の掛け金もアップしていくでしょう。災害に見舞われていなくてもすでに私たちは影響を受けています。

3. 食料不足による食費の値上がり

日本は世界に比べると温暖化による影響を受けにくい地域です。しかし、他の地域での影響が巡り巡って私たちの食に影響を与えます。温暖化が進む地域では、すでに農産物の収穫に悪影響が発生しています。

例えば、ヨーロッパ南部の小麦、トウモロコシの生産高の半減。サハラ以南のアフリカでは土地の乾燥により、作物が栽培できる期間が短くなっています。海水温の上昇などで、海でとれる魚の種類や漁獲量にも影響がでています。

このことは、食料自給率が4割程度で、食料輸入が多い日本にも影響します。将来的には、食料輸入に支障がでてしまい、食べ物が足りなくなる事態も否定できません。気候危機や温暖化が世界の農業や水産業に影響を与えると、急激に食費が上がっていくかもしれません。

財政も限界寸前

日本は、自然災害が多い国です。私も年に一度は自宅の防災グッズの見直しをしています。国民も政府も防災に対する意識は高く、災害が発生した際の復旧活動も速やかに行われる印象です。

しかし、災害が今以上に多発してしまうと人手が不足し、手が回らなくなるでしょう。災害が増えれば増えるほど、私たちは行政からのサポートを受けられなくなります。まさにコロナでひっ迫した医療体制と同じ状況になってしまいます。

加えて、増加する災害に対して、事前の対策が必要になります。対策にはお金が必要ですので、国や市区町村の財政を圧迫します。対策を進めれば進めるほど、行政のお金は減ります。災害だけではありません。温暖化による熱波が都市を襲い始めると、熱ストレスを改善するためにも多額の対策費用が必要になります。

すでにコロナ対応で行政が多額のお金を使ってしまったことを考えると、今後これまで受けられていた手厚い行政サービスが受けられなくなるかもしれません。何か起こっても行政に頼れず、自分の力で解決しなくてはいけなくなる状態に陥りつつあります。

進むも地獄、退くも地獄?

気候危機によって、私たちの財布からお金がでていく例を紹介しました。財布からどんどんお金がなくなっていくのは非常に不安です。「じゃあ、気候危機を止めるために、どんどん脱炭素化を進めよう!」とすると、別のところで出費が増えてしまうというのが日本の悩ましいところです。

一番わかりやすいのが、電気代の値上がりです。脱炭素化を進める方法の1つは、再生可能エネルギーの導入になります。しかし、この10年、再生可能エネルギーの導入を進めるために使った補助金の影響で、私たちの電気代に追加の値上がりが発生しました。

電気代は、家計にも影響しますし、企業活動にも影響します(余談ですが、温暖化が進むとエアコンの利用時間が増え、電気代が上がってしまうかもしれません。電気代に留まらず、エアコンの利用が増えるとメンテナンスや買い替えで出費が増えてしまう可能性もあります)。現状、私たちは脱炭素を積極的に推進してもお金がかかり、推進しなくてもお金がかかるという、非常につらい立場に立たされています。

そのような中、日本の平均所得は下がっています。一人当たりの所得が下がっている背景には、高齢化や非正規雇用の問題も絡んでいます。日本国民全員が少しずつ貧しくなっているのではなく、国内での貧富の差が広がっているのです。自由に使えるお金が減り、生活が圧迫され、豊かさを実感できない人が増えています。どんどん貧しくなる人が増える一方でお金持ちはさらにお金持ちになる。いわゆる中流階級が減っている状況です。

「将来の生活は大丈夫だろうか」という漠然とした不安を超えた「だんだん生活が苦しくなっている」という危機感が渦巻いているのが今の日本です。そのような下り坂の中で、脱炭素社会とどう向き合うかが問われています。

お金が減るだけじゃない　命への危険性も

読者の方に追い打ちをかけるようですが、脱炭素の取り組みが遅れ、温暖化が進んだ場合、感染症の流行も懸念されます。日本でもマラリアやデング熱を発症する危険性が高まるのです。

これには「蚊」が関係しています。実は、世界中で一番、人類を殺している動物は蚊なのです。蚊がマラリアやデング熱などの感染症を媒介します。温暖化によって、蚊の生息地が変わってしまいます。蚊は乾燥する場所を嫌い、湿気のある場所を好みます。気温の上昇で、これまでは東南アジアにしかいなかった蚊が日本に北上します。そのため、日本では流行ることが少なかった感染症が広まる危険性があるのです。

新たな感染症が流行してしまったら。外出できない日が続くでしょう。コロナで激変した生活が「また繰り返される」と思うと、私は息が詰まりそうです。もちろん、命ほど大切なものはないですが、経済活動も停滞するでしょう。

感染症以外にも、温室効果ガス排出や気候危機による健康への被害が懸念されています。

例えば、乾燥による山火事の煙が「のどの痛みや頭痛」を引き起こします。カリフォルニア在住の私の知人は、カリフォルニアで多発する山火事で、自宅にいても「焼ける匂い」がすると話していました（温暖化が山火事の原因かどうか、山火事が増加しているかどうかについては、現時点では意見が分かれていますが、山火事が発生していることは事実です)。

その他にも、
・オゾンや粒子状物質の汚染による喘息などの肺機能の低下
・花粉症の重症化
・熱中症や心血管疾患などの熱による病死
等も懸念されています。
気候危機は、経済だけでなく、私たちの健康にも深刻な影響を与えるのです。

第2章◆風の方向は?

日本にとって向かい風？

ものづくり大国日本に大打撃

第2章では、脱炭素の「風向き」を確認していきましょう。

日本のCO_2排出量は、世界全体の約３％で世界5位です。中国が、約28％で1位。アメリカが約15％で2位。３位はインド約７％、４位はロシア約５％です。一カ国で３％も排出しているととらえることもできますし、日本のＧＤＰが世界全体の６％程度ということから考えると、割合として少ないと考えることもできます。

いずれにせよ、脱炭素社会への転換は、日本にとって「厳しい向かい風」です。なぜ向かい風かといえば、**CO_2の排出量が多い製造業が日本の基幹産業だから**です。実際に日本は、工場などの産業部門の排出割合が欧米に比べて高くなっています。

CO_2の削減は、「削減が容易な分野」と「削減が難しい分野」があります。「ものづくり」大国日本は、削減が難しい分野をたくさん抱えています。鉄鋼業、化学工業、機械製造、セメント、パルプ、自動車産業などが該当します。

削減するには、大規模な設備導入や産業自体の転換が必要であったり、解決策自体が未だ確立されていない場合もあります。

例えば、鉄鋼業では、CO_2排出が多い高炉法と比較的少ない電炉法があります。高炉法では、鉄鉱石とコークスを材料とし、電炉法では、鉄スクラップを材料としています。

脱炭素の観点からは、電炉法が注目されています。電炉法は、鉄スクラップを利用するので天然資源利用を抑え、抑制や資源循環につながります。しかし、日本では、電炉法が25％程度と少なく、電炉法に転換するには莫大な設備投資が必要になります（参考までにアメリカは70％、ＥＵは40％が電炉法です）。電炉法への転換以外には、水素還元製鉄なども検討されています。しかし水素還元製鉄は、まだ実用化までには時間や研究開発費用がかかります。

日本がなかなか脱炭素に踏み切れない原因の1つには、「削減が難しい分野」を多く抱えているという事実があるのです。

急激な変化は「とどめの一撃」になってしまう？

日本は厳しい現実を突きつけられています。急激な変化が日本の基盤である製造業にとって「とどめの一撃」になってしまうのではないかという漠然とした不安があります。

多くの日本企業も脱炭素自体に反対しているわけではありません。むしろエネルギーの削減で最も重要な、省エネ活動には積極的です。二度のオイルショックを切り抜けるために省エネを実施し、世界をリードしていた時期もあります。

急激な脱炭素を受け入れられないのには理由があります。「まさに急激な」というのがポイントなのです。急激に進めることによって、これまで計画的に進めていたことが頓挫してしまうためです。

例えば、せっかく投資して建設した発電所や工場が無駄になってしまいます。発電所や工場は数十年かけて投資した資金を回収します。投資回収が未だ終わっていないのに閉鎖するわけにはいきません。加えて、急激な脱炭素がエネルギーコストの上昇につながり、特に電力多消費産業に影響を与えます。製品のコストアップにつながり、製品の競争力が低下し、海外製品との戦いが不利になってしまいます。安い電力を求めて工場の海外移転を検討する必要もでてきます。

急激な変化に「対応しない」という選択肢もありますが、そう上手くもいきません。海外と取引のある企業には、前述した「国際的イニシアティブ」の１つである非政府組織のＣＤＰや海外の取引先から、ある日突然、CO_2排出や削減計画に関する情報開示要求が届き、対応を迫られる可能性があります。

それ以外にも近い将来には、「国境炭素税」による影響も懸念されています。「国境炭素税」は、ＥＵが２０２６年全面導入を予定している制度で、製品のCO_2排出量に応じた課税を計画しています。

これらの国際動向を見ていると、10年、15年かけてゆっくりと脱炭素に対応していくというのが難しい局面といえます。

ハシゴをはずされた苦い経験　二度あることは三度ある？

日本が急激な脱炭素の流れに慎重になってしまう理由は他にもあります。それは、過去に「裏切られてきた」という苦い経験です。京都議定書という言葉をご存じの方も多いでしょう。パリ協定以前の国際的な温室効果ガス削減の約束です。

京都議定書の約束期間（2008年〜2012年度）には、日本は温室効果ガス削減を積極的に行い、1兆円以上の費用をかけて、目標の達成に向けて努力しました。

しかし、「京都議定書」は、途上国に削減義務が課せられず、温室効果ガスの排出が多いにもかかわらず、中国やインドには削減義務がありませんでした。そういった不公平感などが一因となり、アメリカも途中脱退します。日本は、いわばハシゴをはずされてしまいました。まじめに削減を進めたのに、ババをひいてしまったのです。当時を知る関係者の一部には各国に裏切られたという気持ちが未だに残っています。

そして、2016年11月、2020年以降の温室効果ガス排出削減等のための新たな国際枠組み「パリ協定」が発効されます。パリ協定は歴史上初めて、すべての参加国が地球温暖化の原因となる温室効果ガスの削減に取り組むことを約束した枠組みです。

パリ協定では、

1　平均気温上昇を2℃未満に抑える（1・5℃までに抑える努力）

2　今世紀後半に温室効果ガス排出量を実質ゼロにする

3　各国は、5年毎に削減目標を更新
4　温暖化被害への対応、適応策
5　イノベーションの推進

等が盛り込まれました。

しかし、アメリカはトランプ政権になり、2017年にパリ協定の脱退を表明します。2021年にバイデン政権はパリ協定に復帰しましたが、次回2024年の大統領選挙の結果次第でどうなるかわかりません。

「二度あることは三度ある。また、ハシゴをはずされるのでは？」という疑念が渦巻いているのです。

YouTube世代が感じる「国益」という言葉への違和感

急激な変化への懸念。ハシゴをはずされた経験。「日本の国益を考えると脱炭素はゆっくり進めたい」との声が聞こえてきます。

２０２１年に政府が掲げた「２０３０年の温室効果ガス46％削減目標」は急ぎすぎだ、国際情勢は変化していくので日本は「国益」を守るべきとの主張があります。

私も日本が盲目的に脱炭素を進めるのは「うまくない」と考えます。しかし、その理由として「国益」という言葉を使った場合、この「国益」は具体的に何を指しているのでしょうか。もしそれが既存企業の既得権益を指しているとすれば、その恩恵にあまり与《あずか》っていない人たちはどう思うでしょうか。

例えば、その代表格が10代の若者世代です。彼らは「国益って誰得（誰が得するんだよ）？」「現体制の維持を考えている」「変化を恐れている」と、受け取るかもしれません。

日本全体の脱炭素化には、彼らの力が必要です。なぜなら２０５０年の日本の主役は彼らだからです。私の世代は、彼らが活躍する２０５０年をしっかりと意識して「脱炭素」について語っていかなくてはいけません。

「国益」と声高に叫んでも若い世代の賛同は得られません。むしろ溝がどんどん深くなっていきます。

なぜでしょうか？

育ってきた時代背景から考えてみましょう。私たち現役世代が生まれ育った20世紀は、「国民意識（日本国民であるという認識）」によって、ある程度、お互いが共感し合えた時代です。「同じ釜の飯を食べて育った日本人」として、世界に進出していきました。「ウォークマン」「ファミコン」「プリウス」等の日本製品が世界で賞賛されることに誇りを感じ、経済成長の恩恵を肌で感じてきました。

一方で、今の10代は、生まれた時からインターネットに触れています。いわゆる「デジタルネイティブ：digital native」です。わかりやすく言えば、YouTube世代と言ってもよいでしょう（インスタ世代でもよいですが）。

インターネットによって、人々の共感は国境を越えます。国は違っても趣味や考え方が同じ人と友達になり、世界中でつながり合います。今は、TeamsやZoomで自宅からオンラインで授業に参加し、友達ともSNSで交流します。若者世代は、常にInstagramやTikTokで世界中の気の合う仲間と交流し、FORTNITE（フォートナイト）などのオンラインゲーム上で国を越えて一緒に遊び、仲間を増やします。

インターネット空間を自由自在に旅するYouTube世代の友達の作り方は、私たち現役世代とは違うのです（余談ですが、私もコロナ以降、オンライン会議が８割以上になりました。新たな挑戦として、edXやgetsmarterなどのオンライン教育プラットフォームを使って、海外の大学のオンライン授業を受講しています。リアルで一度も会ったことのない海外の友達が、日々増えていく日常に少し驚いています）。

国境を越えたコミュニケーションに慣れているYouTube世代は、国に対するとらえ方が私たち世代とは異なるでしょう。「国益よりも大事なものがある」という感覚、前述したＥＱで考える知性も、もっています。

彼らが「国益って何？」と思っても不思議ではありません。**YouTube世代が感じる「国益」という言葉への違和感を無視してはいけません。私たち現役世代が、現状維持の言い訳をしていると疑われたままでは、彼らの共感は得られません。**

これからの日本を担うYouTube世代を巻き込んでいくためには「国益」という言葉に逃げずに、具体的かつ、彼らの視点を含めて「脱炭素」について語っていく必要がありそうです。

日本の屋台骨である自動車産業はどうなる？

成長著しいモビリティ産業

途上国を中心に自動車の需要は拡大しています。世界の自動車保有台数は右肩上がりです。私が子供の頃の世界の自動車保有台数は、3～4億台でしたが、現在は約15億台に増えています。

自動車が増え続けるということは、そこから出される温室効果ガスも増え続けるということです。

自動車などの輸送部門の温室効果ガス排出は、国によって異なります。日本では、約19％、アメリカは29％です。アメリカでは、輸送部門が最大の排出をしています。

輸送部門、特に自動車産業について、脱炭素の動きが加速しています。

この自動車の脱炭素推進は日本に大きな影響を与えます。自動車産業は、日本の屋台骨だからです。自動車産業は非常に裾野の広い産業で、仕事で関係している人は約550万人にものぼります。

もし脱炭素によって、日本の自動車産業が衰退してしまうと、雇用の減少につながってしまいます。他にも利害関係者が非常に多いという理由から、議論は白熱しがちです。

ここでは、自動車産業の現在の状況、今後について整理しながら考えていきたいと思います。

ナンバー1企業からの苦言

世界ナンバー1の自動車メーカーである、トヨタの豊田章男社長は、2021年9月9日の記者会見で、脱炭素を推進する政府に対して意見表明をしました（あくまでも日本自動車工業会会長の立場からの表明です）。

これまでも豊田社長は、

・自動車業界だけでは脱炭素の推進は難しいこと

・欧米中と同様の国の後押しが必須であること
・多様な技術の可能性
・地球温暖化対策も重要だが、雇用維持も大切であること
などについて何度か発言しています。

これに対して、海外メディアや金融業界からは「時代についていけていない」というネガティブな反応がありました。既存産業を守るような発言と、とらえられたのでしょう。

トヨタが年間に排出する温室効果ガスは、世界で4億トンです。同じ製造業のソニーの排出量が約１４００万トンですから、いかに自動車産業にとって温室効果ガスゼロが難しい話かがわかります。もし実現しようとすると、産業構造自体を変えていかなくてはいけないでしょう。豊田章男氏の発言は、自動車産業に関わる人たちの心を汲み取ったうえでの発言です。

なぜ、2030年代に禁止する国が多いのか？

脱炭素の流れで、２０３０年代にガソリン車・ディーゼル車等の販売禁止を宣言する

国が増えています。

例えば、ノルウェー、イギリス、スウェーデン、デンマーク、カナダ、アメリカ（一部の州）、中国、インド等です。

２０２１年７月には、欧州委員会が２０３５年にハイブリッドを含むガソリン車の販売を禁止する方針を発表しました。加えてＥＵは２０３０年までに３５０万基の充電ステーションを設置する目標を掲げています。

なぜそんなにも早く販売を禁止するのでしょうか。

理由の１つは、自動車の寿命は私たちが思っているよりも長いからです。自動車を毎年買い換えている方は少ないでしょう。新車を購入した場合、５～７年くらいで買い替えでしょうか。ちなみに我が家の車は、９年目になります。毎年、ちょっとしたメンテナンスは必要ですが、日々快適に利用しています。

自動車の寿命は、12～15年と言われています。日本で使われなくなった15年、20年経った車でもアジアやアフリカに輸出されて活用されています。新車として販売された自動車が何人かの手を渡り、廃車になるまでには、結構長い時間がかかるのです。

2050年の脱炭素達成には、15〜20年前の2030年代にガソリン車・ディーゼル車の販売を禁止しないと間に合わないという背景があります。

現時点では、多くの国があくまでも努力目標としていますが、世界のガソリン車・ディーゼル車の販売禁止は、ＥＶ（電気自動車）へのシフトを予感させます。ガソリン車・ディーゼル車に加えて、ハイブリッド車までもが販売禁止の対象になりつつあります。

これは日本にとっては、大打撃です。自動車輸出の大幅な減少につながり、産業の衰退、雇用の減少につながります。

ハイブリッド車はいつから悪役になったのか？

なぜ、ハイブリッド車の販売禁止が検討されているのでしょうか。かつては、エコカーの代名詞だったハイブリッド車がいつから悪役になってしまったのでしょうか。

１９９７年、世界初の量産ハイブリッド乗用車「トヨタ・プリウス」が発表されました。「21世紀に間に合いました」がキャッチコピーです。ハイブリッド技術が自動車業界の「ゲームチェンジ」となり、日本車をさらに躍進させました。

実は、ハイブリッド車はこれまでも1億トン以上、温室効果ガス削減に貢献しています。燃費の悪いガソリン車から転換することで、温室効果ガスの削減に寄与してきたのです。

温室効果ガス削減に貢献してきたハイブリッド車の販売禁止が検討されているのはなぜなのでしょう。ハイブリッド車が悪いわけではないのです。

ここには、欧州自動車メーカーが仕掛ける「したたかなゲームチェンジ」があるのです。地球のため、環境のためという主義主張に、欧州メーカーが「自動車産業で、世界市場に返り咲くため」という狙いが入っています。

EVへの急速なシフトの背景には、2015年の「ディーゼルゲート事件」があります。

欧州は、ハイブリッド車に対抗するために、ディーゼルエンジン車の開発に力をいれていました。しかし、2015年、アメリカの環境保護局（EPA）が、世界的自動車メーカーであるドイツのフォルクスワーゲン（VW）が排ガス検査時に不正を行っていたと発表します。自動車業界は大混乱となり、VWのCEOは発表から数日で辞任に追い込まれます。ディーゼルエンジンに対する消費者からの信頼は失墜してしまいます。

ＶＷや欧州の自動車メーカーは、ディーゼルエンジンを諦めます。**そこで目をつけたのが成長著しいＥＶです。**

欧州の自動車メーカーを支援したい欧州政府も、ＥＶへの急激なシフトを進める決断をし、税控除などを活用してＥＶの支援に力をいれます。

ＶＷは、ＥＶを推進すると共に電力子会社の Elli を設立します。ここでは、自動車とエネルギーを融合したサービスを企画しています。具体的には、ＥＶの購入者に対して、再生可能エネルギーの販売、家庭へのＥＶの充電設備、街中での充電スポットサービス、余った電気の電力網への電力販売のサポートなどを計画しています。

これらの欧州の動きから見えてくるものは、何でしょうか？

ハイブリッドがいつの間にか悪役になったのは、ライバルが仕掛けてきた「ゲームチェンジ」によるものだということです。ハイブリッド車の性能が悪くなってしまったというわけではありません。ここにも各国の思惑が渦巻いているのです。

正義の味方、ＥＶに関する２つの誤解

「恋は盲目（Love is blind）」。シェイクスピアの作品のセリフです。世界中で高まるＥ

Vへの期待。多くの投資家がEVに恋し、EV企業の株価は上がる一方です。脱炭素の切り札として登場した正義の味方、EV。

私もEVの将来性、可能性に大きな期待を抱いていますが、敢えて2つの誤解についてご紹介します。

誤解1　すべてのガソリン車がEVになる

EVはどのように普及していくのでしょうか？　私は、EVは「定・短・軽」から普及していくと考えています。「定期ルート、短距離、軽い車」です。

理由は、充電インフラです。ルートが決まっている車であれば、充電インフラの整備は比較的容易です。短距離の移動や軽い車であれば、そもそも充電の心配が減ります。EVは、走行距離が事前にある程度予測でき、短い距離を軽い荷物を載せて運ぶ移動に最適です。

そういった理由から、EVは街中のバスや宅配用の車、ゴミ収集車などに向いていますす。長い距離を走らない都市部の乗用車も向いています。中国では、バスやタクシーからEV化が進んでいますが、このような理由が背景にあります。逆にルートがまちまちで、長距離を走る可能性もあり、重い荷物を積む車はＥＶには不向きです。別の輸送手段、移動手段が生まれてくるでしょう。

誤解２　ＥＶ化で脱炭素が実現する

ＥＶになることで、脱炭素が実現する。正しい部分もありますが、「今一歩」の部分もあります。ＥＶに利用する発電が化石燃料では、ＥＶ化しても脱炭素には寄与しません。**ＥＶ普及による脱炭素は、再生可能エネルギー等のクリーンエネルギーとセットで進めていく必要**があります。

あくまでも仮の話ですが、日本の車をすべてＥＶ化した場合、電力消費量は１〜２割増加するとの試算があります。現在、日本は発電の70％強を化石燃料に頼っています。ＥＶ化しても温室効果ガスの削減には、残念ながらあまり寄与しません。

ＥＶの製造時に排出されるＣＯ２も見逃せません。特にＥＶに搭載するバッテリーは製造時に多くの温室効果ガスを排出します。ＥＶに搭載されるバッテリーはハイブリッド車の50倍以上です。走行時ではなく、製造工程も含めると、ハイブリッド車のほうがＥＶよりもＣＯ２排出量が少ないとの指摘もあります。

その点をふまえると**今後は、バッテリーの再利用がカギになります。**バッテリー製造時のCO_2排出やバッテリー材料が不足する懸念も指摘されているため、日本はリユースバッテリーの分野でチャンスをつくっていけるのではないでしょうか。

ＥＶに関する２つの誤解を紹介しました。ＥＶは、その特性が発揮できる「定、短、軽」の領域から普及していくでしょう。ただし、再生可能エネルギーやバッテリーのリユースについてもセットで考えていくことが大切です。

自動運転がさらなるゲームチェンジに

２０００年代、ハイブリッド車がゲームチェンジとなり、日本車が世界で躍進しました。今、海外勢が脱炭素を背景にＥＶでゲームチェンジを狙っています。さらにここに「自動運転」の社会が到来すると、さらなるゲームチェンジが起きます。

自動運転は燃料の問題ではなく、自動運転という車の「機能の変化」が私たちと車の関係性を変えていきます。

日本でも２０２５年度までに全国40カ所以上で「レベル４」の自動運転を目指してい

ます。完全な自動運転である「レベル5」の車が普及するのは、早くても２０３０年以降でしょう。しかし、ニーズが高いという理由から着実に自動運転の社会実装は進むでしょう。

自動運転が進むと交通渋滞が緩和され、自動車から排出される温室効果ガスの削減が期待できます。どうしてかというと、交通渋滞が起きて走行速度が低下すると、排出される温室効果ガスが増大するからです。

加えて、自動運転は、私たちのライフスタイルにも影響を与えます。一部の愛好家は別として、多くの人にとって、自動車は所有するモノから利用するモノになっていきます。**移動に対して自転車・バス・電車・徒歩などを組み合わせて「スムーズで一本化された」サービスを望むように**なります。

将来的には、「マイカー」という考え方がなくなるかもしれません。特に都心部では自動車を所有するコストが高く、費用対効果が合わなくなってきています。

だからといって、自動車メーカーが顧客の車を有効活用する方法を提案してくれるわけでもありません。いわば「車を売ったら終わり」のビジネスになっていて、顧客の

「移動の最適化」を支援するという話はあまり聞こえてきません。

今の消費者は、様々な分野で、日々新たなビジネスモデルに触れています。自動車メーカーや販売店の変わらない営業スタイルに対して、潜在的に不満や疑問をもつ消費者が増えていくのではないでしょうか。

自動運転が実現した社会では車に求められる性能も変わります。例えば、充電スピードの優先順位は下がります。なぜなら、車を所有する場合、充電時間はとても気になりますが、シェアするのであれば、利用者は、すでに充電された車を利用すればよいので、充電自体に時間がかかっても関係ないからです。街中のレンタサイクルを利用している人で、自転車の充電時間を気にする利用者がいないのと同じ理屈です。

自動運転が普及した未来では、今と違う尺度で車や蓄電池の性能を考えなくてはいけません。ガソリン車が消え、ハイブリッド車、ＥＶ、ＦＣＶ（燃料電池車）に移行していく。そこに自動運転も加わります。

自動車産業自体を大きな流れでとらえていくことが大切です。

時価総額が10年で数百倍超え〜テスラのビジョン

テスラのＣＥＯであるイーロン・マスク氏は、今、どのようなビジョンを描いているのでしょうか。

私は、２０１０年頃にテスラの動向をネットメディアに寄稿していました。印象に残っているのは、２０１０年にトヨタがテスラに45億円出資して２〜３％の株式を取得したことを紹介した記事です。当時はまだテスラは本当に駆け出しのベンチャー企業でした。そのテスラの時価総額は１００兆円を突破。今も増加し続けています。

時価総額が１００兆円の場合、株式１％でも１兆円。テスラの時価総額は、10年で数百倍になりました。そして、テスラはついにトヨタの時価総額も抜き、自動車メーカー大手６社（トヨタ、ＶＷ等）の時価総額を足し合わせたものより高くなりました。現在、テスラの時価総額は、実際の販売実績が評価されてというよりは、テスラの将来性に期待が集まり、評価されている面が大きいでしょう。

テスラは、年々、自動車販売台数のランキングをあげています。まだまだトヨタやＶＷには遠く及びませんが、10年後はわかりません。１０００万台の生産能力をもつ工場の建設や完全自動運転車を200万円台で販売するとの噂が聞こえてきます。

テスラが躍進できたのには、いくつもの理由があります。先ほどのディーゼルゲート事件でEV市場が一気に花開いたことも追い風になりました。また、脱炭素関連でもテスラは収益を上げています。あまり知られていませんが、テスラは、CO_2排出権の販売で1700億円程度の収益を上げています。

イーロン・マスク氏は、自動車単体での利益よりも、ユーザーを囲い込みサービス全体で課金していくことを考えているでしょう。**サービス全体とは、顧客に脱炭素社会の新しいエネルギーシステムを提案すること**です。

私には、イーロン・マスク氏が手がける、「太陽光発電・蓄電池・EV・空調等」がつながって見えます。宇宙への進出は、宇宙での太陽光発電を見据えてでしょうし、蓄電池やEVは、エネルギー貯蔵庫としてとらえ、太陽光発電、家、電力網との連携を見通してのことでしょう。こういったグランドデザインも含めたテスラのビジョンが途方もない時価総額を達成したのだと思います。

私たちの知らない間に次のテスラは生まれている

もう1つ忘れてはいけないことがあります。それは、テスラが最後の「ゲームチェンジャー」ではないということです。アメリカや欧州、中国でも次々とＥＶ関連ベンチャーが生まれています。次のテスラはすでにどこかで誕生しているかもしれません。

例えば、テスラの元主任エンジニアが率いるＥＶのスタートアップ「ルーシッド・モーターズ」。水素燃料電池トラックの開発を手掛ける「ニコラ」。米テスラの元幹部だったピーター・カールソン氏が２０１６年に創業した北欧の新興電池メーカー「ノースボルト」。Amazon が支援する自動車メーカー「リビアン」。50万円前後でのＥＶ販売を始めた複数の中国自動車ベンチャー企業。

ベンチャーだけではありません。Apple の自動車への進出は以前から噂になっていますし、アメリカの老舗自動車メーカーのゼネラルモーターズ（ＧＭ）もＥＶ部門を新会社として独立させることで、新たな資金調達を計画しています。

ＥＶという新たなフィールドで企業価値を上げ、脱炭素マネーを調達し、調達した資金で夢を現実にしていくという「正のスパイラル」を生み出そうとしのぎを削っているのです。

迎え撃つ日本勢は？

私は、日本の自動車メーカーは欧米が仕掛けたＥＶへのゲームチェンジを乗り越え、さらに飛躍できると期待しています。なぜなら、日本はこれまでも、様々な環境課題を技術でクリアした実績があるからです。日本は世界に先駆けて、各国の厳しい排ガス規制などもクリアしてきました。ハイブリッド車でも排出削減に貢献してきました。

今回は相手が仕掛けてきたゲームチェンジに、一歩出遅れた感は否めません。しかし、状況を把握してからのリカバリー能力は日本企業の強みです。

トヨタは、２０２１年9月、２０３０年までにＥＶのバッテリーに1兆５０００億円を投資することを発表しました。日本勢は、次の次の技術にも力をいれています。全固体電池やＦＣＶ（燃料電池車）です。ＦＣＶ関連の日本の特許数は世界1位です。また、ホンダは、２０４０年に世界市場で販売する車をＥＶとＦＣＶにすると発表しました。

ＦＣＶは、脱炭素社会での非常に有望な選択肢ですが、インフラ整備に時間とお金がかかります。例えば、水素ステーションは日本全国に２００カ所以下しかありません。

日本全国にガソリンスタンドが3万カ所あることを考えるとまだまだ時間がかかりそうです。

ＥＶやＦＣＶが普及していくまでの間は、既存の技術であるハイブリッド車が活躍します。温室効果ガスの排出量が多いガソリン車をハイブリッド車に置き換えていくことによって、これからも世界のCO_2削減に貢献できます。

トヨタは、ハイブリッド車関連の特許を公開し、ハイブリッド車のさらなる普及を後押ししています。

私は日本の自動車メーカーが再び「ゲームチェンジ」を仕掛けることを、心から期待しています。

第3章◆風を理解する

欧米中による21世紀の覇権争い

各国の思惑が渦巻く、新たな覇権争い

脱炭素をめぐる世界の流れを見ていきましょう。

一言で言えば、欧州、アメリカ、中国など、各国の思惑が渦巻いています。21世紀の新たな覇権争いが繰り広げられていると言えます。そこには「地球に良いことをしたい」という善意だけでなく、各国の「したたかな戦略」があります。

例えば、欧州は脱炭素をきっかけにヨーロッパの復権を目指しています。わかりやすく言えば、世界を１００年前に巻き戻したいのです。

約１００年前の第一次大戦までは、世界の中心はヨーロッパでした。第一次大戦、第二次大戦によるヨーロッパの混乱もあり、アメリカに世界の中心が移動していきます。その失った主導権の奪還を目指しています。

21世紀は、アメリカと台頭する中国の二強体制になると言われています。しかし、ヨーロッパは二強に対抗する形で第三極を目指しています。まさに三国志の時代です。ヨーロッパの１つ１つの国は経済力、人口ではアメリカや中国にかないません。しかしＥＵ（欧州連合）全体では、約４億５０００万人の人口となり、アメリカの人口３億３０００万人を上回ります。ＥＵ全体では、ＧＤＰも中国と同等です。加えて、ＥＵには現在27カ国が参加しています。これが彼らの強力な「切り札」になります。

主導権奪還の足がかりとして、「脱炭素社会」という新しい社会の在り方を提唱し、世界への普及を積極的に図っています。欧州は、「脱炭素社会」の実現には、社会や経済のルールを作り変えていかなくてはいけないと主張しています。

ここで、**先ほどの欧州ならではの強みが発揮されます。ルールを決めていく際の投票を有利に進めることができるのです。**例えば、各国１票の投票を行う場合、日本やアメリカや中国は１票であるのに対して、ＥＵ全体では、27票になります。ルールを欧州にとって有利な方向へと寄せていくことができます。

先端の技術やテクノロジー、生産力で競争に勝てないのであれば、自分たちが勝ちやすいようにルール自体を変更していくという戦略です。「そんなのフェアではない」という声が聞こえてきそうですが、そういった現実があり、その中で日本企業としてどう立ち向かっていくかを考えていかなくてはいけません。

では、さらに詳しく欧州、アメリカ、中国、アジア各国を順番に見ていきましょう。

欧州の「グリーン」には様々な思惑がある

欧州は、コロナからの復活に「脱炭素社会への転換」を掲げています。欧州は、「脱炭素」をコロナ以前から提唱し「欧州グリーン・ディール：European Green Deal」という形で進めていました。「グリーン」を新たな成長のきっかけにしようとしていたのです。

２０１８年11月、欧州委員会は、２０５０年の脱炭素経済の実現を目指す「A Clean Planet for all（すべての人のためのクリーンな地球）」という「ビジョン」を公表しています。

少し専門的になりますが、２０５０年の脱炭素社会に向けた7つの対策として下記を発表しています。

1　エネルギー効率の最大化（ＺＥＢ含む）：デジタル化など、エネルギー消費効率の向上

2　再エネ導入の最大化、電力の脱炭素の推進：再エネ、原子力を骨組みに脱炭素電源を推進

3　クリーン、安全、コネクテッドモビリティの推進：電化に加えて、代替燃料、モーダルシフトにより運輸部門の脱炭素化

4　ＣＣＵ（合成燃料、プラスチックや建築素材）等：特に鉄、セメント、化学を対象。研究開発によるコスト低減

5　スマートネットワークインフラ：最適なグリッドを追求したＥＵ大でのネットワーク化

6　バイオ経済と吸収源：バイオエネルギー消費増大。森林吸収源の確保。農業分野の効率化

7　ＣＣＳ：エネルギー多消費産業の残余排出、ＢＥＣＣＳ、カーボンフリー水素製造

※経済産業省　資源エネルギー庁資料より

https://www.enecho.meti.go.jp/committee/council/basic_policy_subcommittee/033/033_004.pdf

２０１９年12月には、先ほどの「欧州グリーン・ディール」を発表します。２０３０年までの温室効果ガス55％削減、２０５０年までの脱炭素を達成するため、資源効率的かつ競争力のある経済への移行を掲げる50の行動計画を提唱しています。

ここでは、経済、産業、社会のあらゆる分野を対象としています。


そして、新型コロナウイルスの発生が「欧州グリーン・ディール」をさらに加速させています。２０２０年4月頃から「グリーンリカバリー：Green recovery」が合言葉になっています。「グリーンリカバリー」とは、温室効果ガスの発生を抑えた、グリーンな経済復興（リカバリー）という意味です。

背景には、２００８年の世界的な経済危機であるリーマンショック時の教訓があります。リーマンショックでは、世界的に需要が減退して、製造業を中心に温室効果ガスが減りました。しかし、リーマンショックからの復興時に景気回復を急ぐあまり、削減が進んだ温室効果ガスが再度、増加してしまったのです。

今回は、同じようなことが起きないように、「より良い復興」（ビルド・バック・ベター、Build Back Better）として「グリーンリカバリー」を掲げています。経済復興、景気回復と気候危機を両輪で進めようとしているのです。

すでに10年間で１２０兆円規模の投資が計画されていますが、温室効果ガスを削減しながらの雇用の創出を目的としています。具体的には、再生可能エネルギー等に投資をすることで、新しい成長産業を育てようとしています。

ＥＵの考え方は、弱肉強食戦略といってよいでしょう。ルールを厳しくすることで、企業の淘汰を進めます。ルールについてこられない企業は、退場しても構わない。新陳代謝をさせる。残った企業を世界的な企業に育てるといった考えです。これにより、オーステッド、ヴェスタス、シーメンス等の再生可能エネルギーの世界的プレイヤーが育っています。

「脱炭素社会」への移行の仕方も誰を基準にするか（誰を守るか、育てるか）によって戦略は全く変わってきます。

「脱炭素社会」への移行には他にも思惑があります。省エネや再生可能エネルギーを促進することで、ロシアの天然ガスへの依存度を減らすことです。ロシアに対する立場が強くなれば、東欧への影響力を高めることができます。東欧をＥＵにとっての新たな市場として取り込みたいという思惑があるのです。

欧州委員会の報告書などにも明記されていますが、脱炭素社会への移行は、あくまでもグローバル市場でのEU経済・産業の強化、欧州における雇用と持続可能な成長の確保が目的なのです。

新しい経済モデル、サーキュラーエコノミー

欧州は、新しい経済モデルとして、サーキュラーエコノミー（以下ＣＥ）を提唱しています。ＣＥは、地球から追加の資源を調達することなく、ビジネスを展開していくというコンセプトです。

ＣＥでは、これまでの「廃棄前提から再生・利用前提へ」の転換を目指しています。１９５０年頃からのアメリカ型経済である大量生産大量消費を炭素時代（リニアエコノミー）とし、そこから脱炭素時代（ＣＥ）へとかわることを提唱しています。

そもそもこれまでの製品は、直すよりも新しいものを買ったほうがお得だったという不都合な事実がありました。ＣＥでは、そのことを是正するためにメンテナンスやリサイクルがしやすい設計をしていくことなども提唱しています。

EUは、2015年にEUサーキュラーエコノミーパッケージを発表し、2020年にはサーキュラーエコノミーアクションプランを発表しています。

CEは、企業にとっても収益率の向上につなげられます。CEでは、一度結びついた企業と顧客の関係性はとても強くなります。これまでとは企業と顧客の関係性が変わるのです。

企業は、「商品を販売したら終わり」という関係から「商品を利用し続ける間サポートする、不用になった商品を回収する」関係に変わります。一見大変そうですが、商品販売による一度の売上からソフトウェア、サービスによる継続課金へとビジネスモデルを変えていくことで、収益率の向上が期待できます。

顧客との良好な関係を築くには、顧客の状況を理解したうえでの適切なコミュニケーションが大切になります。そのためCEでは、利用状況、回数、頻度などの計測やデータ収集が鍵になります。販売した商品をリアルタイムでモニタリングし、「今、どこで、どれが稼働しているか、状況はどうなのか」を把握し、顧客の困りごとに先回りしてサポートします。**その実現のためには、DXが必須となります。**

CEというとモノ（商品）の循環に目が向きがちですが、情報（データ）を把握する

図3●リニアエコノミーと サーキュラーエコノミー

リニアエコノミー
（一方通行型経済）

限りある資源を集めて、大量にモノを生産し、大量に消費し、使い捨てることで成長する経済。

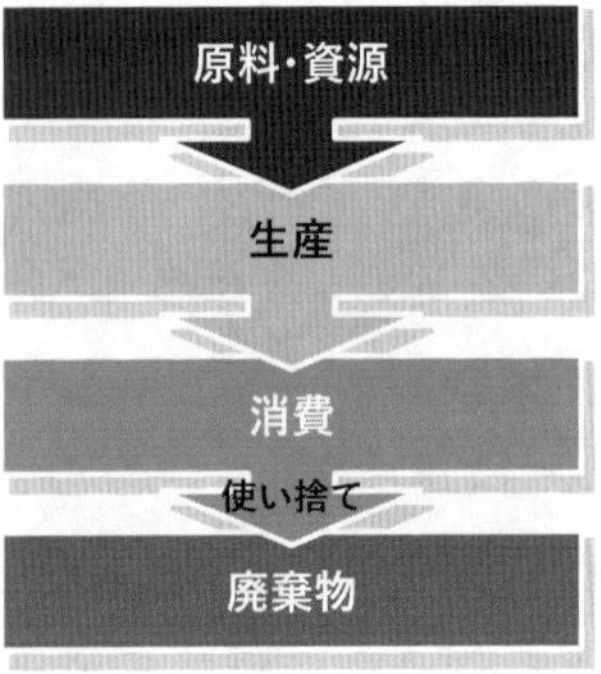

サーキュラーエコノミー
（循環経済）

使い捨て製品をへらし、複数回使用できる製品、リサイクルの強化により、地球から追加の資源を調達することを可能な限り少なくする、持続型の経済。

ことこそが大切なのです。顧客から集められた情報は、商品の改善や次の商品開発にも役立ちます。

脱炭素時代の新しい経済モデル「CE」は、モノの循環であると同時に、情報の循環がポイントです。

4年後にまたしても方針転換？　一枚岩になれない米国事情

アメリカは、大統領によってエネルギー政策が大きく変わります。例えば、民主党のオバマ大統領の時代（2009年～2017年）は、地球温暖化対策に積極的でした。オバマ大統領は選挙キャンペーン中から「500万人のグリーンな雇用を創出して、リーマンショックからの景気後退による失業者の増加に立ち向かう」と発言していました。就任後は、再生可能エネルギーや電力網のデジタル化を推進します。

しかし、2009年のCOP15（国連気候変動枠組条約第15回締約国会議）が不調に終わったり、アメリカ政府が支援していた太陽光パネルメーカーの破綻などもあり、エネルギー転換は道半ばとなってしまいます。

オバマ大統領を引き継いだ共和党のトランプ大統領（2017年～2021年）は、

政策を180度転換します。トランプ大統領は、気候危機自体を認めず、驚くべきことにホワイトハウスのHPから気候変動（climate-change）に関する記述を削除してしまいます。もちろん、オバマ大統領時代に署名したパリ協定からも離脱します。

あまりにも大胆な行動ですが、トランプ大統領の支持基盤の1つは、いわゆる「ラストベルト（錆びついた工業地帯）」と呼ばれる中西部地域と大西洋岸中部地域や、アメリカの中央部の州です。これらの地域では、石炭や石油産業に従事する人が比較的多く、彼らの支持を集めるという狙いがあります。

そして、2021年1月に民主党のバイデン氏が大統領となり、再度180度転換します。就任と同時にパリ協定に復帰します。加えて、温暖化対策に関する省庁横断的な組織を設置します。2030年までに温室効果ガスの削減を50～52%と宣言し、100兆円を超える投資によりEVステーションの拡充や電力網の整備を発表しています。

このように、アメリカの脱炭素の考え方は、一枚岩ではありません。今後もコロナからの復興に対する悪影響を懸念して、共和党支持者を中心に脱炭素推進に反対する声が増える可能性があります。次の大統領選挙にトランプ前大統領が再出馬し、共和党が勝利すれば、また180度方針を転換するでしょう。大統領が誰になるかによって、国のエネルギー政策が大きく変わるのがアメリカの特徴の1つです。

大統領を無視して勝手に進める州やGAFA

矛盾するように聞こえるかもしれませんが、大統領を無視して州や企業が脱炭素に対する自分たちの意見を表明し、行動しているところもアメリカの特徴の1つです。積極的な州は、トランプ政権下でも着々と気候危機への対応を進めていました。

例えば、ワシントン州、カリフォルニア州、ニューヨーク州やハワイ州です。トランプ大統領になり、アメリカがパリ協定から撤退を決定したその日に「米国気候同盟：United States Climate Alliance」を設立。20州以上が参加、支持を表明しています。

企業も独自に進めています。特にGAFA（Google、Apple、Facebook〈Meta〉、Amazon）の4社は、脱炭素社会でもゆるぎない地位を築くために積極的に行動しています。GoogleやFacebookは、積極的なコーポレートPPAを進めています。

コーポレートPPAとは、電力の利用者（GoogleやFacebook）と発電事業者の間で5年～20年間といった長期間の電力売買契約を結ぶことで、新規の再生可能エネルギー発電所の開発を進める方法です。Google や Facebook は、電力価格を固定することができますし、再生可能エネルギーの導入を計画的に進めることができます。

Apple は、部品の供給サプライヤーと共に「Supplier Clean Energy Program」の運営、低炭素製品のデザイン、エネルギー効率の拡大、再生可能エネルギーの利用などを進めています。２０２０年７月には、２０３０年までに Apple 全製品の生産段階で排出する温暖化ガスを実質ゼロに抑えることを発表しています。

Amazon は、２０１９年９月に「The Climate Pledge」を発表し、２０４０年までにCO_2排出を実質ゼロにするという目標を打ち出しました。２０２０年６月には、大企業が事業の脱炭素を進めるうえで必要となる技術の開発を支援するために、Climate Pledge Fund という20億ドル規模の基金を創設しています。

「ＧＡＦＡは製造業ではない。ＩＴ産業だから温室効果ガスの削減が比較的容易であり、脱炭素を早く進められる」という指摘があります。それはその通りでしょう。ＧＡＦＡにとって脱炭素はマイナスにはならないのです。むしろ、新しい時代の先頭を走ることで、プラスの印象を与えることができます。実際にＥＳＧ投資の資金がＧＡＦＡに集中し、彼らの時価総額をあげています。

大統領の方針にかかわらず、州政府や企業が自ら脱炭素について考え、行動するのもアメリカのもう1つの特徴です。

バーテンダーから改革の旗手へ。アメリカが強くあり続けられるワケ

アメリカと日本では、脱炭素自体のとらえ方にも大きな違いがあります。日本では、急激な脱炭素推進は、収入の少ない人を圧迫するという指摘があります。なぜなら誰もが払う電気代が上がってしまうからです。

一方でアメリカでは逆の考え方が広く受け入れられています。地球温暖化が進み、災害が増えると「貧困層がさらに苦しくなる」という考え方です。ハリケーン、洪水、干ばつ、山火事などで一番被害を受けるのは貧困層であると考えられています。

災害が今後も増加すると、貧困層と富裕層の格差がアメリカ史上最大になるという研究発表もされています。そのような理由から、脱炭素を急ぐことこそが貧困層を助ける、格差是正につながると考えられています。

バイデン政権で、アフリカ系・アジア系で、女性初の副大統領に就任したカマラ・ハリス氏は、環境問題に積極的です。彼女は、低所得層やマイノリティーが環境汚染で大

きな被害を受けている点を問題視しています。それ以上に積極的なのが、20代で議員になったヒスパニック系女性のアレクサンドリア・オカシオコルテス氏です。彼女は、労働者階級の家庭で育ち、ボストン大学に進学して経済と国際関係を学びます。在学中の2008年に父を亡くし、大学を卒業後は家計を助けるためウェイトレスやバーテンダーの職を務めました。その後、2018年に立候補し、下院議員になります。議員に就任すると再生可能エネルギー等の脱炭素政策の拡大を積極的に主張し、バイデン政権下での脱炭素政策にも影響を与えています。

脱炭素から少し外れますが、私がここから学ぶべきことは2つあると考えます。1つは、国によって同じテーマでもとらえ方が大きく異なること。

もう1つは、オカシオコルテス氏のような境遇の人が声を上げ、それを受け入れ、議論していく土壌がアメリカにはあるということです。

日本では、彼女のような生い立ちの人が若くして政治家になり、活躍することは、残念ながらとても難しいでしょう。

実業家でも、Apple創業者のスティーブ・ジョブズ氏は、未婚の母の子として生まれ、里親に預けられて育ちました。第1～2章で紹介したテスラのイーロン・マスク氏は、南アフリカで生まれ、10代でカナダに移住してきました。もし、彼らが同じ境遇で日本に生まれ育っていたら、ここまでの活躍ができたでしょうか。もちろん、才能溢れる両者なので、活躍できたとは思いますが、私は「生い立ち」を理由に「相応しくない」と足を引っ張る人が現れることを想像してしまいます。

脱炭素から少し話が脱線してしまいましたが、個人が自分の考え、意見を持ち、自由に表明し、それが受け入れられる社会であることが、「アメリカが強くあり続けられる」理由の1つになっているのではないでしょうか。

中国の2つの顔

表の顔と裏の顔。21世紀の覇権を目指す中国には、脱炭素に対する2つの顔があります。

まず、裏の顔からご紹介しましょう。それは、温室効果ガス排出量の圧倒的1位が中国であるということです。温室効果ガスの排出が多い都市ランキングで上位10都市中9都市が中国であるとの報告があります（ちなみに同報告書では、東京は17位）。

温室効果ガスの排出量も伸び続けています。例えば、輸送関連の温室効果ガスの排出量は、1990年の10倍以上です。そのような中でも中国は旺盛なエネルギー需要に応えるために化石燃料を大量に利用しています。中国の2018年の電源割合は、火力68%と高く、原子力4% 水力18% 再エネ（水力以外）8%です。今後も火力発電所の新設を検討しています。

次に表の顔です。脱炭素関連投資についても中国が世界1位です。太陽光発電、風力発電のこれまでの累積導入量及び年間導入量も、世界1位です。

太陽光パネルメーカーの出荷量ランキングでは、中国系企業が上位5社を独占しています。風力発電タービンメーカーランキングでは、上位5社中2社が中国系企業です。

習近平国家主席は、2021年3月の中国の国会に相当する全国人民代表大会で、2030年までにCO_2排出ピークアウト、2060年までに実質ゼロにすることを宣言しました。今後も国内の再生可能エネルギーなどを積極的に増やしていくでしょう。

もちろん、ここにも思惑があります。中国は、国内のエネルギー需要に応えるために、石炭や石油の海外利権を獲得するよりも国内で再生可能エネルギー事業を育てるほうが得策と判断したのです。中国は、両面戦略をとっています。

最大の温室効果ガス排出国が、世界で最も脱炭素に投資している矛盾を、どう解消していくのか、世界が注目しています。

EV化は中国の一人勝ちを招いてしまう？

太陽光発電や風力発電に留まらず、中国は、EVにも積極的です。既存の自動車産業がなかったことが、EVを推進する強みになっています。中国政府は、法律や補助金などのインセンティブを活用してEVを後押ししています。

2020年のEV販売台数TOP20社中7社が中国メーカーと聞くと、少し驚く読者の方もいるのではないでしょうか。もちろん、まだ生産台数は数十万台規模ですが、中国の自動車メーカーは、50万円以下で購入できるEVの生産も始めています。

中国の新車販売台数は2500万台です。日本の約5倍、世界の中でも圧倒的に大きな市場です。中国は、大きな国内市場をテコにして、世界的な自動車メーカーを育てようとしているのです。

すでに、EV用バッテリーでは、中国のCATLが世界一のシェアをとっています。2年ほど前に私はCATLの関係者のプレゼンテーションを聞きましたが、同社が新しい街を毎年つくっていくような規模で、工場を新設しているという話には驚きました。

EVは、バッテリーの原材料コストが、コスト全体に占める割合が高い製品です。なぜならバッテリーには、リチウム、コバルト、ニッケルなどのレアメタルが使われているからです。今後EVの需要がさらに伸びた場合、原材料コストの大幅な上昇が懸念されています。

そうなってしまうと、日本や欧米の自動車メーカーはEVをいくら製造、販売しても、材料コスト高の理由から、なかなか利益が出せない状況に陥ります。そしてこのレアメタルについても中国が権益確保を進めているため、中国への依存度が高まると懸念されています。

そのため、世界の自動車メーカーは、中国のバッテリーメーカーに依存することに危機感を感じ始めています。

中国とEUが手を組む　21世紀のシルクロード

中国が掲げる一帯一路（Belt and Road）政策。2013年に中国の習近平国家主席が発表したこの構想は、アジアと西洋を結んだ古代の貿易ルートである「シルクロード：

Silk Road」にインスピレーションを得ています。

シルクロードは、東洋と西洋をつなぐ歴史的な交易路であり、紀元前2世紀から18世紀の間、政治、経済、文化、宗教において互いの地域に、大きな影響を及ぼしました。

中国は、一帯一路政策で、ユーラシア大陸全域にわたって21世紀の「新しいインフラ」を構築し、史上最大の統合された経済圏を構築することを目指しています。

新しいインフラとは、「通信：インターネット、AI、IoT」「エネルギー：再生可能エネルギー、蓄電池」「モビリティ：EV、FCV、ドローン」が融合し、脱炭素を実現したインフラです。

中国とEUでは、お互いの経済的利益が一致する部分があります。両者は非常に重要な貿易相手国同士であり、ユーラシア大陸を介して地理的に結ばれています。そして、**21世紀の覇権をアメリカから奪取するということでも意見が一致します。**

中国とEUは、他の地域が脱炭素社会に移行するのを支援することや、グローバル市場での基準やルールづくりでも手を組む可能性があります。

欧州、アメリカ、中国を中心とした21世紀の主導権争いは、今後も続いていきます。

もう1つ見逃せないのは、世界の「成長の中心」がアジアに移ることです。2030年のGDPランキング予測では、1位中国、2位アメリカ、3位インド、4位日本です。2050年には、インドネシアも台頭し、日本のGDPを超えると予想されています。

特にインドは、太陽光発電、風力発電共に世界TOP5に入る市場規模になっています。成長するアジアは、欧米中、そして日本にとって非常に重要なビジネス市場になっていくのです。

そもそも温暖化は何が問題なのか？

気候危機と脱炭素をつなげる５つのＹｅｓ

気候危機と脱炭素が関係しているのか、していないのか。様々な意見があります。意見が分かれるのは、気候危機と脱炭素がつながるまでにいくつかの「Ｙｅｓ／Ｎｏ」の分岐があるからです。各分岐点で「Ｙｅｓ」か「Ｎｏ」かによって、その人の意見が変わってきます。

１	気候危機自体	気候危機がそもそも起こっているのか？	Ｙｅｓ	Ｎｏ
２	気候危機の原因	気候危機の主な原因は温室効果ガスの増加か？	Ｙｅｓ	Ｎｏ
３	人の活動の影響	温室効果ガスの増加は、人の活動によるものか？	Ｙｅｓ	Ｎｏ
４	対策効果	人の活動の変更で気候危機は緩和できるのか？	Ｙｅｓ	Ｎｏ

図4●5つのYes

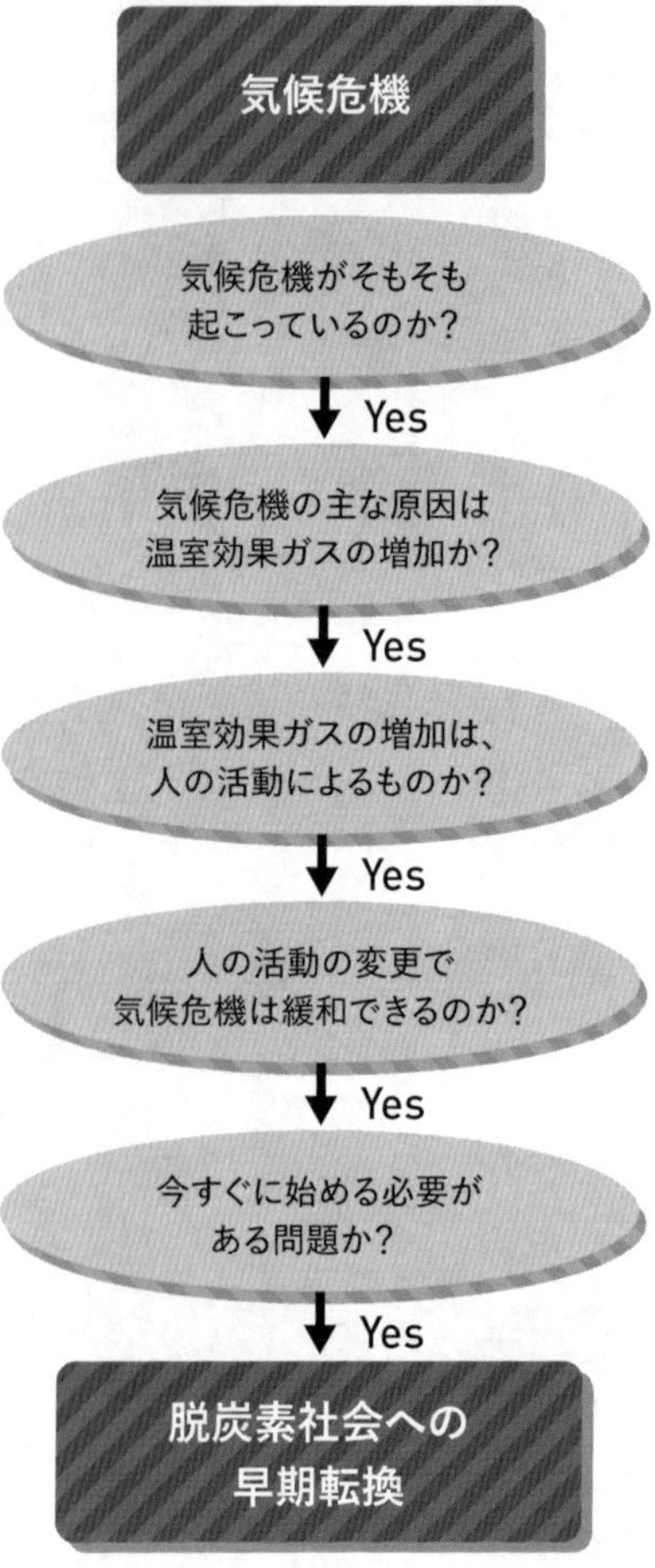
気候危機
気候危機がそもそも
起こっているのか?
Yes
気候危機の主な原因は
温室効果ガスの増加か?
Yes
温室効果ガスの増加は、
人の活動によるものか?
Yes
人の活動の変更で
気候危機は緩和できるのか?
Yes
今すぐに始める必要が
ある問題か?
Yes
脱炭素社会への
早期転換

5 対策スピード　今すぐに始める必要がある問題か？　Yes　No

1～5のすべてがYesになり、初めて「気候危機」と「脱炭素社会への早期転換」がつながります。もちろん、人や国によってYes／Noが異なります。このような理由から世界全体の合意がとりにくいのです。

いつから「危機」になってしまったのか？

人の活動が気候に影響を与えていることは、100年以上前から指摘されていました。2000年以降、「気候変動：climate change」という言葉を耳にすることも増えています。

では、「気候変動」が「気候危機：climate crisis」と叫ばれるようになったのはいつ頃からでしょうか。

諸説ありますが、IPCCの第5次評価報告書が発表された後、2015年頃からのようです。IPCCとは、Intergovernmental Panel on Climate Change の略で、「気候変動に関する政府間パネル」と訳される国際的な組織です。

では、なぜ、「危機」と言われるまでになってしまったのか。

理由は、地球環境全体のバランスが維持できる限界にまで近づきつつあり、ドミノ倒しのスイッチボタンが押されようとしているからです。気温の上昇が「ある地点」を超えると様々な気象現象が発生し、温暖化が加速します。

雪山を転げ落ちる雪玉が勢いがついてみるみる大きくなるように、自然災害が増えていきます。まさに悪循環、負の連鎖、温暖化ドミノ現象です。

産業革命前に比べて地球の平均気温が「1・5℃」を超えて上昇すると、温暖化現象が連鎖的におき、後戻りできない状況になることが懸念されています。

具体的には、シベリアなどの永久凍土が溶け出し、CO_2やメタンガスが大量放出されるという懸念です。ちなみにメタンガスの温室効果は、CO_2の25倍です。牛のゲップなどからも発生していて、大気中に10年ほど残ります。

加えて、世界中で水不足と水害が同時に起こります。雨が降りすぎる地域では、台風や豪雨による水害が多発し、雨が降らない地域では乾燥が進み、水不足、食料不足に陥ってしまうのです。

こうして世界中で生活できない場所が増えると「気候難民」が増え、移民問題が発生します。移民問題は、新たな紛争の火種になり、社会の不安定へとつながっていきます。

世界銀行は、海面上昇など、気候危機で住まいを追われる「気候難民」が2050年までに2億1600万人になると予想しています。日本の人口よりも多い人たちが住み慣れた場所を離れなくてはいけなくなるということになります。

皮肉なことに、「気候難民」のほとんどは、温室効果ガスの排出がとても少ない途上国の人たちです。気候危機の原因ではない途上国の貧困層が多くの被害を受けてしまうという「矛盾」があります。

自分たちは何もしていないのに、生まれた土地を離れなくてはいけない辛さを伝える、下記の動画を見たことがある方もいるのではないでしょうか。

「昨日家が流された」 https://creators.yahoo.co.jp/konishiyuma/0200131727

「気温上昇をゼロに抑える」という状況はすでに過ぎ去っています。「どれだけ温度上昇を食い止められるのか」という段階です。人類全体で気候危機にどう向き合うかが問われています。

人間は地球を傷つけながら豊かになってきた

私たちは、日々の生活で化石燃料を大量に利用しています。衣類、パッケージ、台所用品、家電製品、建材、燃料など、化石燃料に頼って生活しています。

石炭や石油を使うことで豊かな暮らしを手に入れ、一方で化石燃料を使うことで、大量の温室効果ガスを排出してきました。

化石燃料は、100年の歳月をかけて、安価に手に入る仕組みができあがり、世界中に流通して、大量に消費されてきたのです。

私たちは、石炭や石油を手に入れるために地球を掘り起こしてきました。「石炭や石油を採掘している場所」は、古代の生き物の残骸が集まっている場所ですので、少しおどろおどろしく言うと「昔の生き物の墓場」を掘り起こしてきたわけです。

石炭、石油、ガス獲得のために、人類はどれだけ地球を掘り起こしてきたのでしょうか。見当もつきません。

問題は、「使ったことではなく、使いすぎてしまったこと」です。地球に負荷をかけるレベルで使ってしまった。これ以上、同じ方法では私たちは豊かになれないということです。豊かになったことが悪いのではなく、今後は違う方法で豊かになっていかなくてはいけないということです。

意外と知らない環境汚染と気候危機の違い

私は富山県出身です。幼少の頃から「公害」について学んだ記憶があります。四大公害病の1つ「イタイイタイ病」の地だからでしょうか。

産業の発展と共に土壌汚染や工場排水による汚染などが発生します。私たちは、発生した問題の原因を突き止め、解決してきました。環境汚染を解決してきた自負からも、気候危機についても対応を進められると考えるのが普通です。

しかし、**これまでの環境汚染と気候危機には大きな違いがあります。土壌汚染や大気汚染は、被害を受ける地域が限定されていました。あくまでも汚染が発生した国や地域での問題**です。しかも問題を発見して対処することで、被害を比較的早く食い止めることができます。

例えば、今も世界の各地では汚染水が原因で多くの死者をだしていますが、汚染水を止めれば死者も減ります。汚染状況が元通りになるのも数年単位です。

一方で、気候危機は、国を越えた世界的な問題です。ある地域で大量に排出した温室効果ガスの影響が、別の地域に影響を与えます。しかも厄介なのは、対策してから効果を実感するのに100年レベルの時間がかかることです。

今、温室効果ガスを止めてもこれまでに排出した温室効果ガスが数十年、数百年単位で影響を及ぼすのです。なぜならCO_2も含めて、温室効果ガスは大気中に長く留まるからです。CO_2は、数百年単位。その他の温室効果ガスであるメタンは、約10年、一酸化二窒素は、約120年と報告されています。

○環境汚染（土壌汚染、工場排水による汚染等）

解決が早い　被害地域が限定的　1つの国で対策コストをかけたら効果が実感できる

○気候危機

解決に時間がかかる　被害が離れた国々にも及ぶ　1つの国で対策にコストをかけても効果は不明（世界全体での対策が必要）

これまでの環境汚染と気候危機は異なります。気候危機については、世界全体で考えていかなくてはいけない理由がここにあります。

温暖化とノーベル賞の深い関係

２０２１年のノーベル物理学賞に真鍋《まなべ》淑郎《しゅくろう》氏が選ばれました。授賞理由は、「地球温暖化の予測のための気候変動モデルの開発」です。真鍋氏はコンピューターを使い、温暖化を予測する方法を開発します。アメリカに渡り、長期的な気候の変化をコンピューターで再現する方法の開発に参加します。

真鍋氏は、１９６７年に大気中のCO_2濃度が2倍になると、地表の温度が約２℃上昇するという論文を発表しました。これは温室効果ガスの増加に伴う温暖化への影響を数値で予測する先がけとなりました。

温暖化問題関連のノーベル賞受賞は今回が初めてではありません。２００７年のノーベル平和賞をアメリカ副大統領も務めたアル・ゴア氏と先ほどご紹介したＩＰＣＣが受賞しました。授賞理由は両者が「人為的に起こる地球温暖化の認知を高めた」ことです。

ＩＰＣＣは、定期的に報告書を発行しています。第5次評価報告書（２０１３年～２

014年公表）では、温暖化の主な原因は「人間活動の可能性が極めて高い（95％以上）」と報告しました。2021年の第6次評価報告書では、**「人間の影響が大気、海洋及び陸域を温暖化させてきたことには疑う余地がない」**と述べています。

ノーベル賞の受賞により、気候危機や地球温暖化が世界共通の話題となり、問題の共有が進んできました。ノーベル賞が果たす役割は非常に大きいのです。

温暖化は本当か？　シミュレーションだらけの仮説

地球温暖化や気候危機のシミュレーションにはスーパーコンピューターが活用されています。真鍋氏もコンピューターを活用し、気候の変化を解明してきました。

このようにデジタル技術の発展により、地球の実態や将来予測が可能になっています。シミュレーションの結果、人々の活動が温暖化に影響を与えていると警鐘がならされているのです。

シミュレーションに活用されるモデルは様々です。大気循環、炭素循環、海洋循環、陸・海水循環、氷床、海洋生物モデルなど。もちろん、各モデルには、複数の仮説が使われます。よって、地球全体のシミュレーションは、「仮説×仮説×仮説×仮説」になっています。

仮説が満載である部分を指摘し、「温暖化が人の影響であるとは言い切れない」と主張する科学者もいるくらいです。確かに仮説の積み上げですので、不確実な部分が多々あります。ですから、「結果を信じられない」という意見には一定の説得力があります。

しかし完璧ではない、仮説の積み上げであるからといってシミュレーション結果が全く信用できないというわけでもないでしょう。シミュレーションの精度は、これからも向上していきます。地球の気候についてすべてが解明されるのは、22世紀か23世紀かもしれません。

実際に地球温暖化が進んでいる理由は、人為的な理由以外にもあり、様々であるという結論になるかもしれません。完璧であるとは言い切れない、わからない部分も多い。けれどもその中で私たちは生きていかなくてはいけない、行動していかなくてはいけないのです。

温暖化に対応する攻めと守り

私たちは、気候危機や地球温暖化に対して2つの方法で対応すべきです。

それは**「緩和と適応」**です。「緩和」は、温室効果ガスの排出を抑制し、気候危機をこれ以上進めないという「攻め」であり、「適応」は、現在及び将来予測される影響に対処するという「守り」です。

私たちは、温暖化の原因となる温室効果ガスの排出抑制につながる「緩和」の取り組みを着実に進めるとともに、すでに現れている影響や今後中長期的に避けられない影響への「適応」を計画的に進めることが大切です。

緩和には、

・再生可能エネルギーの導入
・省エネルギー対策
・移動、輸送手段の転換
・森林等のCO_2吸収源の増加　等があります。

適応には、

・災害前　社会インフラ整備による防災・減災、避難訓練

・災害時　警報、計測、情報共有体制、備蓄
・復興時　物的支援、財政支援、復興計画　等があります。

温暖化はすでに起こっています。残念ながら、気温上昇をゼロに抑えることはできません。これからの頑張りで、気温上昇を２℃以内にとどめられたとしても、気温の上昇、降水量の変化など様々な気候の変化、海面の上昇などの可能性があります。農業、水産業、水環境、自然生態系、健康、日頃の生活、といった広い分野で影響が予測されます。**避けられない地球温暖化の影響に対して、被害を最小限に食い止める「適応」もとても大切なのです。**

今、世界が進もうとしているのは、できる限り積極的に「緩和」し、その結果を受け入れ、「適応」していくという道です。

気候変動と脱炭素が生み出す対立

いつ、どこに、どれだけ、どれくらい？

脱炭素の議論は、「いつ、どこに、どれだけ、どれくらい」という部分で各々の意見が食い違います。

いつするのか（すぐにするべきか）、どこに（どこから手をつけるか）、どれだけするのか（どれだけお金をかけるべきか）、どれくらい（期間や実施内容）、が人や国によって異なります。

第2章で、私を含めた「現役世代」と「若者世代」の考え方の違いを紹介しました。それ以外にも、世代と多少重なる部分もありますが、**「既得権益者」と「新参者」の対立**があります。既存資産を保有し、今の利益を維持していきたい「既得権益者」と資産をもたず、失うものが少ない「新参者」では、脱炭素へのとらえ方が異なります。

既得権益者は、「温室効果ガスを減らすことに固執しすぎだ。他にも大切なことがある」「脱炭素が唯一の解というのはおかしい」と主張します。一方で新参者は、そういった主張に対して「単に自分たちの利権を守ろうとしているに過ぎない」「今まで仲良しグループで利益をあげてきたが、もう通用しない」と反論します。

その他にも様々な対立があります。これまで蓋をしてきた対立が炙り出されるのが、脱炭素というテーマの特性です。

脱炭素が炙り出す国家間の対立

ここでは気候危機や脱炭素が引き金となっている、国家間の対立をいくつか紹介します。

①先進国と途上国の対立

1つ目は、先進国と途上国の対立です。

すでに多くのみなさんがご存じだと思いますが、欧州を中心とした先進国は、「一刻も早く温暖化対策を進めていきたい」と考えています。しかし、途上国の人々は、「今よりも豊かになりたい」と思っています。すでに豊かな生活を手に入れている先進国。これから豊かになりたい途上国。あたりまえですが、意見が異なります。

たとえば、欧州を中心に「カーボン・バジェット（炭素予算）」という考え方が広がっています。気温上昇を2℃未満に抑えるためには、温室効果ガス排出を累計で3兆トン以下にしなくてはいけない。すでに世界全体で2兆トン排出してしまったので、今後の排出を1兆トン以下にしなくてはいけないという考え方です。

しかし、排出量はこれからも増加します。特に「これから豊かになりたい、豊かになる権利のある途上国」においては、そうなります。途上国を中心に石炭、石油、天然ガスが使われ続け、一人当たりが使う化石燃料の量も、使う人数も増えていくでしょう。

「カーボン・バジェット」は大切な考え方ですが、私には、先進国の私たちに途上国の成長を止める権利があるとは思えません。彼らは自宅に電源もない環境にいることも多く、スマートフォンを充電するために、私たちの何十倍も労力を使わなくてはいけないのです。

これまでたくさんの温室効果ガスを排出してきた先進国が考えなければいけないこと

は、途上国のさらなる発展と脱炭素社会の両立を、どうしたら実現できるかということです。

②北半球と南半球の対立

2つ目は、北半球と南半球の対立です。意外かもしれませんが、温暖化によって恩恵を受ける国もあります。例えば、北半球のカナダやロシア等です。

カナダやロシアでは、

・耕作可能地域が増え、穀物生産量がアップする
・漁業に適した場所が増加する
・北極海の氷が溶け、新たな北極海航路（シベリア側航路／カナダ側航路）が利用できる
・北極海に眠る天然資源の採掘が可能になる

ことが期待されています。

その一方で、南半球の数十カ国では、

・水不足や暑さにより食料生産量が低下する

・熱ストレスで生産性が低下する
・海面上昇が国土に深刻な影響を及ぼす　ことが懸念されています。

もちろん、カナダやロシアでも温暖化による農業や観光業などへの悪影響はあります。しかし、同時に恩恵も得てしまうのです。

北半球の先進国が排出した温室効果ガスで、南半球の国々が被害を受けることが、北半球と南半球の対立を生み出しています。

やはり世界が一致団結するのは「無理ゲー」か？

私たちは、世界が同じ行動をとることの難しさをコロナで痛感させられました。コロナやワクチンに対する認識の違い。感染者が1日数万人を記録してもマスクなしで生活する欧米と、感染者が1日100人以下でも消毒やマスクを徹底する日本。

「クリアが難しいゲーム」を略して「無理ゲー」と言いますが、世界が一致団結して1つの課題に取り組むことは、まさに「無理ゲー」への挑戦です。

コロナ同様、本当に世界が脱炭素に取り組むことも「無理ゲー」なのでしょうか。

「ゲーム」を難しくしている要素の1つに「エネルギー転換にかかる期間」がありま

す。脱炭素化には石炭、石油から再生可能エネルギーなどのクリーンエネルギーへの転換が必要です。

これまで人類は、木材から石炭、石炭から石油など、新しいエネルギーへの転換に50年～100年の年月をかけてきました。

エネルギー転換に時間がかかる理由の1つは、新エネルギーを安価に流通させるインフラの構築と、新エネルギーを利用する機器や設備の、家庭や企業側への普及の両方が必要だからです。

今回は、**このエネルギー転換を「2050年の脱炭素達成」のために、できるだけ早めよう**としています。このことがさらに「ゲーム」のクリアを難しくしています。

新型コロナウイルス発生から2年余りが経ち、国々が協力する場面も増えてきました。自国で余ったマスクやワクチンを足りない国に提供する動き、治療薬の無償ライセンス供与、治療結果に関する国際的な情報共有。

世界が一致団結して解決に取り組む重要性が認識され、協力して立ち向かうことで、「無理ゲー」から「クリアが可能なゲーム」に変わりつつあります。この経験を脱炭素社会実現にも活かしていけるのではないでしょうか。

私たちが2100年をリアルに想像できない根本的原因

物事を前に進めていくには、それを「自分事」にすることがとても大切です。

例えば、「あなたは、2050年、2100年について、自分には正直あまり関係ないと思っていませんか？」と指摘されると、私は否定できません。真剣に考えていないわけではありませんが、現実感をもって考えているかと聞かれると自信がもてません。なぜなら、私自身がこの世に存在していないかもしれないからです。

では、私たちはどうしたら2050年や2100年を自分事として考えられるのでしょうか。

私は、「2050年には、何歳なのだろう」と計算してみました。現在私は44歳。2050年には73歳になっています。日本人男性の平均寿命は、81歳ですから、健康に気をつけて生活していけば、まだ楽しく生活しているはずです。

2100年、私は123歳。現在も100歳を超える日本人が8万人以上いますから、生きていないとはいえませんが、確率的には、この世にいないかもしれません。

私が2100年を無事に迎えられるかは別として、地球は2100年も存在しているでしょう。2100年には地球温暖化の影響で、気温が数℃上がり、災害などが増えているかもしれません。私の11歳と9歳の息子や、その頃にはいるかもしれない孫にとっては、2050年や2100年は現実であり、他人事ではなく、自分事です。

私たちは、無意識のうちに自分の人生のタイムスパンでものごとをとらえ、主張しています。それはあたりまえです。私のタイムスパンは、最大でもあと40～60年といったところです。

では、どうしたら子供や孫たちの視点で2050年や2100年を考えられるのでしょうか。

ここでは2つの方法をご紹介します。1つは、2050年、2100年に生きる世代の声に耳を傾けること。子供や孫と、将来についてゆっくりと話し合うことです。

そしてもう1つは、本を読むことです。

『気候変動に立ちむかう子どもたち　世界の若者60人の作文集』（太田出版）という書籍

をご存じでしょうか？　アメリカ、カナダ、インド、フィリピン、チリ、オランダ、コソボ、オーストラリア、マダガスカルなど41カ国の10代、20代を中心とした若者60人の気持ちのこもった文章が掲載されています。この書籍は、半日あれば、読み終わります。

書籍から2人ほど紹介します。13歳のブラジル人のカタリーナ・ロレンゾさんは、海の水温が上がり、海底の砂が熱いことや干ばつの増加を嘆いています。16歳のケニア人のルセイン・マテンゲ・ムトゥンキさんは、水が配給制になり、週に3日、水なしで暮らすことに困惑しています。

2人とも、私には想像できない現実に直面しています。彼らの声に耳を傾けることで、少し視野がひろがったのです。

「次の世代が住みやすい地球を残そう」と言葉にするのは簡単です。しかし、いざ行動に移すとなると難しい。

どうしたらよいのでしょうか。もしかしたら、歴史的建造物に触れることも、役立つかもしれません。

例えば、古代ローマの水路やスペインのサグラダ・ファミリア。自分たちの世代で完成が見届けられなくても、何世代も受け継ぎながら子孫のために建築されています。「それは、脱炭素と関係ないではないか」と思われるかもしれません。でも、「作り手にはどんな思いがあったのだろうか」と想像することで、人生の時間軸を超えることができます。

私たちが脱炭素という、非常にハードなチャレンジに立ち向かう時の心の持ち方のヒントが「歴史的建造物の作り手たちとの会話」に隠されていると私は感じています。

対立も対話の１つ

気候危機と脱炭素推進は、世代間の対立、国家間対立を生み出しています。私は、脱炭素の推進を対立拡大の引き金にしてはいけない。むしろ共に知恵を絞るきっかけにできないかと思っています。

対立した相手の意見が自分の意見と違うと、怒りを感じる時もあるでしょう。しかし、それをそのまま表現しても建設的でないことは誰もが知るところです。

少し冷静になって、自分が無意識に否定しているものが「なんであるか」を考えてみる。こうあるべきと思っていることは何なのか、自分と他人の間に引いている境界線がどこであるかを意識してみる。

自分にとって得意なことが、皆にとっても大切なはずという価値観になっていないでしょうか。一歩引いて「本当に自分の価値観は正しいだろうか」と考えてみる余裕が大切です。

私たちは常にバイアスを抱えています。自分の心の中のフィルタを通して世の中を見ています。いったん自分のフィルタを外してみて、気候危機や脱炭素社会に関する、自分とは異なる様々な意見を、「自分がまだ気がついていない、もう1人の自分の意見」ととらえてみるのです。

異なる意見は、自分を「新しい世界」にいざなってくれます。たとえ目の前にいる相手と対立していても、自分と全く別人ととらえるのではなく、補完関係にある存在だと考えてみてはいかがでしょうか。

対話を通じて相手を知ることで、自分には見えていなかった世の中について、気づくことができます。そこには新たな発見があるものです。

私たちは過去の行動によって現在の思考を制限し、可能性を狭めています。**未来を**

「こじあけてくれる」のは、対立した人との対話かもしれません。

対立した相手との対話で気をつけたいことは、対話の中では言葉を選んで、相手に伝わるようにすること。自分の正しさを主張するのではなく、ともに、１つの話し合いの空間を創っていこうと努力することです。

第4章◆風に乗る

向かい風を追い風に変える思考法、行動法

脱炭素が日本や日本企業にとって「向かい風」であることをお伝えしてきました。

では、その風をどうやってとらえ、追い風に変えていくのか？　その風に乗り、羽ばたくことはできるのかについて、一緒に考えていきたいと思います。

最初に、私が考える「向かい風を追い風に変える思考法・行動法」についてご紹介します。

この「思考法・行動法」には、5つのステップがあります。「1．意思をもつ　2．情報を集める　3．妄想する　4．決断する　5．行動する」です。

少し概念的な話になりますがご容赦ください。

では、順番にみていきましょう。

1．意思をもつ　ビジネスチャンスとしてとらえる

脱炭素への「急激な」転換は問題が山積みです。

先行きがわからないものに取り組む場合、私は、「意思をもつ」ことが大切だと考えています。特にビジネスパーソンの方には、「したたか、しなやかにビジネスチャンスに変えてやろう」という意思をもっていただきたいと思っています。

もちろん、風が通り過ぎるまで我慢する。脱炭素は自社に「関係ないもの」として頑《かたく》なに無視し続ける。それはそれで1つの意思です。しかし**「何もしない」ことが将来的に大きな損失になる可能性があることを忘れてはいけません。**リスクには、変えるリスクと同様に「変えないリスク」もあるからです。もしかしたら、脱炭素は、2050年まで30年近く吹き続ける風かもしれません。

私が提案するのは、積極的に関わる方法です。ビジネスチャンスとしてとらえてみる。少し飛躍しているかもしれませんが、こう考えることもできるでしょう。

「脱炭素社会への移行期は、世界が変わっていく転換期である。脱炭素社会では、エネルギーの在り方が大きく変わる。集中エネルギーから分散型のネットワーク化されたエネルギーへと変わり、世界中のエネルギーがインターネットのようにつながっていく。

それによってエネルギーは、著しく低コスト化（定額化）される。
電気自動車、ドローン、自動配送等が普及し、すべての建築物がそれぞれ発電してつながり合い、ＩｏＴ、ＡＩ、ブロックチェーン技術の革新とも相俟《あいま》って、人の生き方、働き方が劇的に変わる。社会は、経済重視のピラミッド型の階層構造から、人としての価値観重視の横のつながりへと進展していく。

つまり、**社会が1つバージョンアップし、豊かに暮らせる人が今よりも増える**」

脱炭素社会に適合したビジネスへ、あなたの会社がいち早く転換できれば、企業の持続可能性が高まります。企業経営は、時代の変化に応じて新しいビジネスを生み出していく、ダイナミックなものです。成長の機会ととらえ、新たな市場づくりをリードしていくこともできるでしょう。

以前聞いた言葉で非常に印象的だったのが、「変化はやってくるものではない。変化はつくるもの。自分で起こしていくもの、楽しむもの」という言葉です。こういった考え方がビジネスパーソンや経営者には求められているのではないでしょうか。

2．情報を集める「新たな知」を吸収すること

情報収集は大切です。脱炭素についていうと、国内外の情報を集めることをお勧めします。

なぜなら、各論点について、賛成から反対まで幅広い意見があるからです。ですので、可能な限り、多様な情報を集めることを意識してください。

可能であれば、「欧米中」の情報も積極的に集めてください。現在はグーグル翻訳で英語やドイツ語、中国語のインターネットサイトも日本語に変換できます。

あたりまえですが、各国や各産業が自らの論理で情報を発信しています。日本国内の情報にもバイアスがかかっています。なかにはかなり偏った意見もあり、鵜呑《うの》みにしては危険な場合もあります。

情報収集のイメージとしては、「右、左、上、下」の二次元ではなく三次元くらいの感覚で「手前、奥」も含めた情報を集めましょう。

意識的に気をつけなければいけないのは、どうしても自社にとって都合の良い、耳に心地よい情報を集めてしまうことです。すると、知らず知らずのうちに、バランスの偏った情報整理になっているかもしれません。

ビジネスにおいては、耳が痛くなる情報も集めることが重要です。不確実な領域だからこそ、自らが考えつかなかった「新たな知」を吸収していくことが大切になります。

効率的に情報を集めたい場合は、「法律や規制、人や企業、技術」の3つの動向に着目してみましょう。

また、私の経験則ですが、脱炭素はすべてのことを1人の担当者が理解するのは非常に難しい領域です。国際情勢、国内政治、産業、科学、ビジネスの現場等、多くのことが絡んでいるからです。したがって企業の中に、組織的に情報を収集、蓄積、咀嚼《そしゃく》する体制をつくることをお勧めします。

3．妄想する　もし○○だったら……。妄想を止めるな

集めた情報を吟味する際には、一歩引いて、全体をとらえる冷静さが大切です。

全体把握を心掛け、起こっている現象の背景を理解することを意識します。表面的に起こっている現象ばかりを気にしていても、解くべき課題まで辿り着けません。

本当に対応するべき課題に辿り着くためには、1つ1つの現象が重なって、どのような課題が体系的に生み出され続けているかを見定める必要があります。

　そのためには、自分の思考が「現象を考えることだけで止まっていないか」「根っこの課題まで掘り下げているか」を疑い、粘り強く考え続けることが重要です。

　そのように考え続け、根本となる課題に迫ることで、これまでは気がつくことのできなかった「空間」が見えてきます。「いくつかの解決策が浮かぶ空間」です。

　「解決策が浮かぶ空間」が見えてきたら、次は妄想を膨らませましょう。「もし○○だったら」と考えてみます。**○○というところは、思考の枠を取り払って考えてみてください。**「もしバイデン大統領だったら」「もしイーロン・マスクだったら」「もし自社で100億円の予算が使えたら」「脱炭素に貢献する画期的な技術が見つかったら」等です。

　思考の枠を取り払うことで、これまでの経緯や経験からできあがってしまっている考え方の制約を外すことができます。

　意識的、無意識的にかけてしまっている制約を、いかに振り払うかが良い解決策に辿り着くポイントです。

　妄想する力、妄想力が試されます。妄想力を使うことで、これまでは思いつかなかった解決方法に、辿り着くものです。

後は、その解決方法に優先順位をつけて、実行していくとよいのです。

4・決断する　決断が後手後手になってしまう根本的な理由

ビジネスパーソンには厳しい現実があります。

先ほど、できる限り情報を集めることが大切とお伝えしたばかりですが、同様に「すべての情報が揃うことはない」という事実を受け止めなくてはいけないのです。

ビジネスの現場では、すべての情報が揃うのを待つ時間は無く、手元に集まった情報の中で決断していくことが求められます。

手元にある情報の中で判断する。ビジネスにはそういった「踏ん切り」「割り切れる勇気」が必要です。

国の方向性や政策を待ちたい、地球温暖化や気候危機に対する科学的な結論を待ちたい、という方も多いでしょう。しかし、ビジネスの現場は待ってくれません。少し厳しく聞こえるかもしれませんが、情報がすべて揃うまで決断を待ちたいというのは、今のビジネス界では危険な態度だといえるでしょう。

暗闇の中に1点しか光が見えなかったとしても、そこからどう考えるか。常にわからないことがある中で、決断していかなくてはいけないのです。

「正しい答えがない」が実は正解です。

私たちの性《さが》でしょうか。○か×か、皆にとって正しい答えがあると思いがちです。正しい答えとは、例えば、日本全体を何か1つの方式に合わせないといけないと思ってしまうこと。そうすると「○×論争」から抜け出すことができません。

しかし、よくよく考えると日本は縦に長く、いくつかの島からなる島国です。すべての地域に合う1つの「○」があると思うほうが不自然ではないでしょうか。

「どこかに正しい答えがあるはず」という前提を取り払い、適切に「場合分け」してみてはいかがでしょうか。「あれかこれか」で考えるのではなく、「あれもこれも」で考えてみる。決断することが少し楽になるはずです。

5. 行動する「100点を取らなければいけない」を疑え

「××××が上手くいかないのでまだ計画段階です」

一見、納得しそうな意見です。しかし、ビジネスでは、100点が取れないことを行動しない言い訳にするのはやめましょう。

なぜなら、100点を取ることは非常に難しいからです。学生の頃の試験を思い出してください。70点を85点にするのは結構簡単です。同じ15点を上げるのでも、85点から100点が難しいもの。もっといえば、50点から90点の40点アップよりも、95点から100点の5点アップのほうが難しい。100という数字を達成する難しさは、全然違うのです。

このことは、新型コロナウイルスの封じ込めにおいても、実感されているでしょう。各国で様々な取り組みがされているにもかかわらず、感染者をある程度抑えることはできても「感染者ゼロ」にはなかなかできません。**「ゼロリスク」というのは、非常に難しいのです。**

ですから、自社の脱炭素の推進については、「90点や95点じゃダメ」ということはありません。100点を目指したけれども、90点や95点だったら全てが無駄になるというものではありません。

100点を意識しながら、まずは90点台を目指して進められるところを進めていく。

行動することが大切です。お気づきのように一番よくないのは１００点を取ることばかり考えて、取れないことを理由に何も動き出さないことです。

「江田さん、我が社の場合、80点、90点どころか、行動しても0点、下手したらマイナス点になりそうで」と思われた読者の方もいらっしゃるでしょう。

そういった不安がある場合は、「2．情報を集める、3．妄想する」部分を再度見直してみてください。2、3をなおざりにして「どこかで聞いた行動、なんとなく思いついた行動」をしようとしていないでしょうか。


さて、実際の行動では、行動と行動のつながりを意識します。なぜなら、「何か上手くいっていない」場合、状況を「より悪くしていく流れ」が存在することが多いからです。

私たちはどうしても1つ1つの行動にこだわりがちです。それも大切ですが、あまり1つ1つの行動に固執せず、全体の流れを意識して行動と行動をつないでみてください。

全体の流れを整えることを意識することで、悪い流れを断ち切り、良い流れに転換していくことができます。

行動と行動をつないでいく、新たな流れを考え、実装していくことが大切です。

意思をもつ。良い情報も悪い情報も集める。現象を深掘りし、課題に辿り着く。解決策が浮かぶ空間からいくつかの解決策を妄想し、決断する。100点にこだわりすぎず、流れを意識して行動する。

私なりの「向かい風を追い風に変える思考法・行動法」を披露しました。「ふむふむ」「なるほど」「うーん、ちょっと違うな」と色々感じられたのではないでしょうか。

読者のみなさんも「向かい風を追い風に変える思考法・行動法」を自分なりに考えてみてください。その際にぜひ、私の考えも「思考と行動の補助輪」として活用してみてください。

図5●ステップ1～5

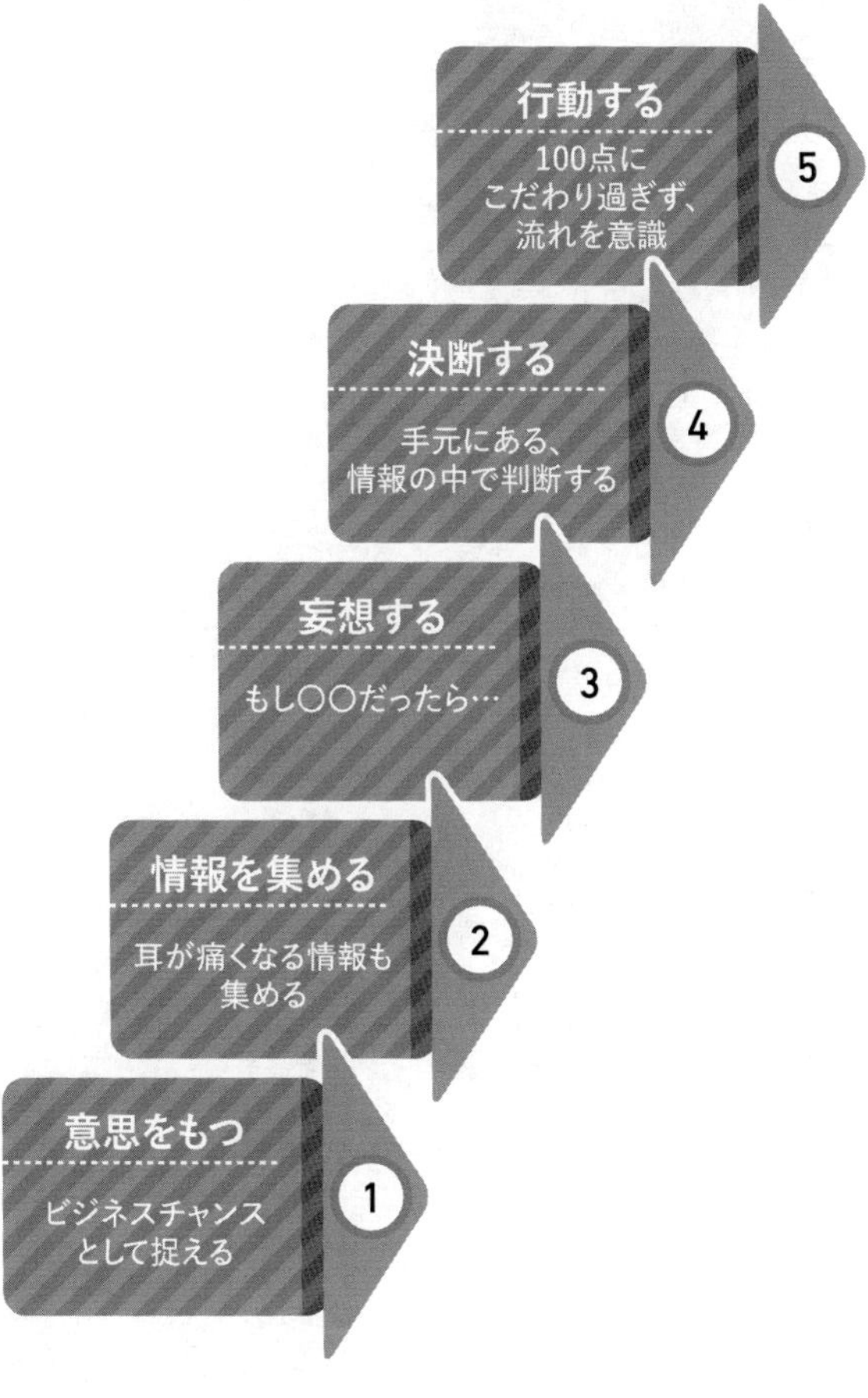
行動する
100点に
こだわり過ぎず、
流れを意識
5
決断する
手元にある、
情報の中で判断する
4
妄想する
もし○○だったら…
3
情報を集める
耳が痛くなる情報も
集める
2
意思をもつ
ビジネスチャンス
として捉える
1

日本にとっての勝ち筋は？

ここでは、少し視野を拡げて、「日本の勝ち筋」について考えてみたいと思います。各々の企業ではなく、日本全体としてどのような方向を目指していくと良いかについてです。「日本国としての視点」に重きを置きながら考えてみたいと思います。

行き先は変えずに、行き方を考える

ここまで欧米中の動向などをみてきました。読者のみなさんもお気づきのように、各国はそれぞれの思惑で動いています。そこから言えることは、日本が彼らを真似たり、短絡的に追従しても明るい未来は訪れないということです。

世界の動向をしっかりと把握することは大切ですが、**「どこかにお手本があるだろう」という考えから抜け出し、「日本にとってのオリジナルの勝ち筋」を考え続けることが大切です。**

オリジナルな勝ち筋とはいえ、脱炭素社会への転換自体に真向から反対するというのは、日本の置かれている立場から考えても不可能です。世界の人口は約79億人。日本の人口は、1・2億人。ざっくり言えば、日本は世界の70分の1です。学校の2クラスの中に1人だけいるのと同じです。70分の1が脱炭素の推進に反対しても世界の大きな流れは変わりません。

では、どうするのがよいのでしょうか。私は、「脱炭素社会という行き先は変えない。しかし、行き方を変える」ということだと考えます。

そのためには、**脱炭素という大きな流れを使い倒す気概、狡猾《こうかつ》さ、ルールに便乗する「したたかさ」と「しなやかさ」が必要です。**

20世紀後半、もっとも輝いた国の1つとして終わるか。21世紀のビッグトレンドを掴むか。脱炭素は、新しいビジネスや技術を生み出すチャンスです。

日本が「失われた〇〇年」から抜け出し、明るい未来を切り開くきっかけになり得ます。脱炭素社会への移行は、どこかの誰かが進めてくれるものではなく、企業、政府、大学、私たちの全員で知恵を絞り、取り組んでいくものです。

本当に大事なのは3％ではない

日本が排出する温室効果ガスは世界全体の約3％です。私は、「日本の勝ち筋」は、この3％をいったん忘れるところから出発すると考えています。どういうことかというと、「問い」の立て方を変えるということです。

問い「日本国内の温室効果ガスをいかに減らしていくか」から、
問い「日本は世界の温室効果ガスをいかに減らせるか」に変換するのです。

国内の温室効果ガス3％を「減らせるのか、減らせないのか、減らすのは大変だ、減らさないともっと大変だ」という議論から、世界全体の温室効果ガス削減に**「日本が貢献していくことはできないか」という97％の視点に変える**のです。

たとえると、子供が3人の5人家族で、「食費を減らしたい」とします。そもそもあまりご飯を食べていないお母さんだけが食費を減らしても、お父さんや育ち盛りの息子たちが食費を減らさなければ、全体の食費はほとんど減りません。

この場合、お母さんがするべきことは、自分の食べる量を減らすこともありえますが、それ以上に、お父さんや息子たちの食事を見直して、むだな食費を抑えることでしょう。

このように「問い」の立て方を変えるだけで、脱炭素が「窮屈なものから可能性の塊」にみえてくるのではないでしょうか。

「日本は世界の温室効果ガスをいかに減らせるか」と問いを立てたのには理由があります。私は、**「急激な脱炭素推進に困っている国が、日本以外にもあるのではないだろうか」**と感じているからです。

例えば、これから成長するインドや、インドネシア、タイ、フィリピン、ベトナム等のＡＳＥＡＮ（東南アジア諸国連合）の国々です。

各国の発電は、化石燃料が主流です。今後も経済が発展し、都市化が進む中で温室効果ガスの排出は避けられないでしょう。彼らも欧州が強引に進める脱炭素社会への転換に頭を痛めているのではないでしょうか。

将来的に日本のＧＤＰを追い越すと予想されている、インドやインドネシアなどが採用したくなるような「製品やサービス」を、日本は提供できるのではないでしょうか。

日本が歩んできたのと同じく、豊かになる曲線をこれから途上国が歩んでいきます。これまでと同じ経済発展の方法では、大量の温室効果ガスを排出してしまう。それを防ぐ製品やサービスが求められます。

途上国が発展するのが悪いのではありません。**途上国が今よりもクリーンなエネルギーなどで温室効果ガスを減らしながら経済発展をすれば全く問題ないのです。**例えば、途上国の豊かさが現在の「10から30」になる一方で、温室効果ガス排出量が、「10から3、最終的には0」へと向かえば良いのです。

私は、温室効果ガス削減に寄与する「日本発の製品やサービス」をつくり、アジア諸国に普及させることで、日本とアジア諸国のお互いが利益を得ることができるのではないかと考えます。

日本が世界に貢献できる最大のチャンス

実は、これまでも世界の温室効果ガスの削減に、日本は多大な貢献をしてきました。日本が生み出した技術、育てた技術がたくさんあります。

例えば、今では一般的になった太陽光発電、青色ＬＥＤ（青色発光ダイオード）、ハイブリッド車、リチウムイオン電池などです。

特に青色LEDの開発により商品化されたLED照明は、白熱灯に比べて消費電力が少なく、寿命も長く、電気代の節約や温室効果ガス削減に大きく貢献しています。加えて、スマートフォンのバックライトにも採用され、現在の小型で軽いスマートフォンは、青色LEDの開発によって可能となりました。

赤や緑の光を出すLEDは何十年も前から実用化されていましたが、青や紫の光を出すLEDをつくるのは非常に難しかったのです。この発明は、後にノーベル物理学賞を受賞する中村修二氏によって実現されます。

中村氏は、窒化ガリウムに着目し、1993年に、異種材料である窒化インジウムガリウムを使った青色LEDを初めて商品化しました。

そして、ご存じのようにリチウムイオン電池は、2019年にノーベル化学賞を受賞した吉野彰氏が開発、実用化に貢献しました。

日本が温室効果ガスの削減に貢献する製品を生み出してきた背景には、資源が少ない国であることが関係しているでしょう。日本は小資源国という弱みをバネにして、知恵をだし、工夫してきました。その工夫の産物が世界に受け入れられてきたのです。

研究開発に優れた日本は、新製品やサービスをつくり、必要とする国に輸出するのが「勝ち筋」です。

全部を狙ってはいけない

敢えて言えば、97％全体を漠然と狙うのではなく、97％の中の一部分を深掘りして狙っていくことが大切です。日本の製品・サービスが受け入れられる「明確に特定した」市場を狙うことです。

私たちは、グローバル化で世界が共通化されていると思いがちですが、しかしそれは一種の幻想でしょう。各国、各地域にはその地域が昔から脈々と受け継いでいる風土、地域性があります。ヨーロッパにはヨーロッパの風土があり、アジアにはアジアの風土があります。

海外旅行に行った際に、初めて訪れた場所のはずなのに「なぜかほっとする」経験をみなさんもしたことがあるのではないでしょうか。その場所には、何か日本と通じるものや懐かしく感じさせる風景があったのでしょう。

私の個人的な経験ですが、旅行でヨーロッパやアジアを訪れたり、オンラインMTG

でアジア、アメリカ、アフリカの人と話をしたりすると、地域によってお互いに打ち解けるまでのちょっとした時間差を感じます。表情やアイコンタクト、身振りである程度通じ合える地域の人もいれば、言葉で説明しないとなかなか意思疎通が難しい地域の人もいます。

どちらが良い悪いという話ではなく、そういった感覚的なものを感じます。もちろん、著者と相手が互いのことをどれだけ事前に知っていたかによっても大きく変わってきます。

製品・サービスの普及では、こういった「互いに感じる共通点」は足がかりになるのではないでしょうか。共通点に加えて、以前からの交流の積み重ねにより、相手が望むことを深く理解して、提案につなげられるのではないでしょうか。

日本は、アジアの一員です。成長するアジアの脱炭素推進は、欧米以上に日本が貢献できるはずです。例えば、ＡＳＥＡＮの10カ国の脱炭素社会への転換を支援する。ＡＳＥＡＮは、人口が6億人とＥＵを超えます。インドも加えると20億人を超える人口になります。

アジアの国々との協力には、もう1つ思惑があります。脱炭素社会のルールづくりでもＥＵ等に対抗し、自分たちの意見を反映していくことができるのです。

誰でも覚えられる「物語」が必要

アジアの国々と歩調を合わせて脱炭素を進めていくためには、優れた製品・サービスに加えて、共感してもらうことが大切です。そして共感してもらうには、「物語」が欠かせません。

良い製品を持っていても、客観的データだけでは人の共感は得られません。人はデータに基づいて客観的に物事を判断していません。主観的に物事を判断しています。自分が信じるものがあり、それを念頭に行動しています。

このことは、コロナに対する各々のとらえ方や行動の違いでも明らかになりました。つまり、データと同時に「物語」がとても大切なのです。人々は「物語」を語り合います。共感する「物語」に集まり、社会が動き出します。

「物語」では、何を実現するのか、今と何が変わるのかを伝える。聞いた人の頭の中に情景がありありと浮かぶように語る。未来への道筋を明確に語る。「自分たちは将来、何を得ることができるのか」が想像できる、言葉で綴られた「物語」が必要です。

日本は、アジアの中で先に先進国になりました。経済成長の中で環境汚染に悩み、克服してきた経験があります。人間にたとえると経験豊かな大人、人生の先輩です。成長期を迎えるアジアの国々に、これまでの体験から伝えられることはたくさんあると思います。

「脱炭素社会でアジアがさらに輝くためにはどうすればよいか。そこに日本がいかに貢献できるか」という「物語」を語れる、絶好のポジションにいると私は感じています。

今こそ！　産官学連携を！

個別企業の脱炭素推進の話に進む前に、もう少し「日本国としての視点」から私が伝えたいことがあります。それは、脱炭素社会への転換タイミングこそ「産官学」がさらに力を合わせる時ではないかということです。

「産官学連携」とは、「産：企業」「官：政府・地方公共団体」「学：大学などの教育機関」が互いの強みを活かして協力し合うことです。その結果、新しい技術が開発され、政策やルールが整備され、社会実装が進みます。

アジア各国を巻き込み、「物語」を語り、共感を得ていく際にも、企業の力だけでは足りません。政府や大学の役割も大きいのです。

ここでは、政府や大学での取り組み、可能性についてご紹介します。

ますます重要になる政府の方針

ご存じのように菅政権は、脱炭素に積極的でした。所信表明演説で、２０５０年のカーボンニュートラル宣言をします。その後も毎月のように脱炭素関連の施策を発表していきました。成長戦略の柱に「経済と環境の好循環」を掲げ、脱炭素社会の実現を後押ししました。

所信表明演説での「もはや、温暖化への対応は経済成長の制約ではありません。積極的に温暖化対策を行うことが、産業構造や経済社会の変革をもたらし、大きな成長につながるという発想の転換が必要です。……脱炭素社会の実現に向けて、国と地方で検討を行う新たな場を創設するなど、総力を挙げて取り組みます。環境関連分野のデジタル化により、効率的、効果的にグリーン化を進めていきます。世界のグリーン産業をけん引し、経済と環境の好循環をつくり出してまいります」という発言は、印象的です。

菅政権で実施された主な取り組みをご紹介します。

・２０２０年10月　所信表明演説での「２０５０年カーボンニュートラル宣言」

・2020年12月　気候野心サミット2020への参加
・2020年12月　グリーン成長戦略（2021年6月に改訂）
・2021年3月　グリーンイノベーション基金　2兆円の基金
・2021年4月　気候サミット　2030年までに温室効果ガスの46％排出量削減目標の宣言
・2021年6月　地域脱炭素ロードマップ　脱炭素先行地域100カ所以上創出を目指す
・2021年6月　主要7カ国首脳会議（G7サミット）　石炭火力発電の輸出支援一部終了
・2021年7月　第6次エネルギー基本計画の素案発表　再生可能エネルギーの推進

特にグリーン成長戦略は注目すべきものです。再生可能エネルギーのさらなる導入以外にも、水素・燃料アンモニア、自動車・蓄電池、半導体・情報通信産業など、成長が期待される14分野について目標を設定し、注力していく方針を打ち出しました。

つづく岸田政権では、2021年11月「新しい資本主義実現会議」において、「グリーン成長戦略、エネルギー基本計画を踏まえつつ、再生可能エネルギーのみならず、原子力や水素などあらゆる選択肢を追求することで、将来にわたって安定的で安価なエネルギー供給を確保し、さらなる経済成長につなげていくことが重要である。このため、クリーンエネルギー戦略を策定する」と発表しています。

「産官」の関係では、日本政府が長期的な方向性を示すことで、企業の動きはより活発になります。「日本全体はこう進んでいくだろう」と予測可能な政策を政府が打ち出せば、企業の迷いはなくなり、思い切った投資や事業展開ができます。

「官学」の関係では、政府には次世代技術の基礎研究等への後押しが期待されます。大学での基礎研究から企業での応用研究、製品化までの間、いわゆる「死の谷（デスバレー）」と呼ばれる困難な時期での財政的、政策的支援が望まれます。

東京大学の新たな試み

大学でも脱炭素社会に向けた新たな取り組みが動き出しています。例えば、2021年7月に東京大学では、「エネルギー総合学連携研究機構」が発足しました。大学内の10部局が連携して文理融合による新たな学理「エネルギー総合学」を創成し、社会に貢献する人材の育成を目指すとしています。

設立シンポジウムの主催者挨拶で、機構長の松橋隆治教授（東京大学大学院工学系研究科教授）が「社会倫理や社会哲学」の大切さを強調されたことに私は、はっとさせられました。まさにこれまでエネルギー分野に足りなかったことを「一言」で表現されたからです。

少し業界の話になってしまいますが、エネルギー業界には、これまで「技術は技術、政策は政策、ビジネスはビジネス」という目に見えない分断がありました。互いの交流が少なく、非常にもったいないと私は感じていました。

話の中で松橋教授が強調された「社会倫理や社会哲学」の観点を持ち込むことで、エネルギーに関わる人たちが一丸となって「豊かな脱炭素社会の実現」を力強く進めていけるのではないかと私は感じています。

同大学のプレスリリースによると、機構のミッションを研究開発、教育、社会連携としています。

具体的には、

研究開発では、「社会におけるエネルギーの諸問題や気候変動に関する対応策を企画、開発する組織として価値創造」、

教育では、「未来ビジョンから技術的課題をバックキャストする思考法を涵養《かんよう》すると共にエネルギー総合学の学理を創成し、人材を育成」、

社会連携では、「学産官の連携により成果の社会実装を可能にする強力なプラットフォームを形成」としています。

特にプレスリリースで印象的なのが、下記の社会実装を強く意識している点です。

「本連携研究機構では、エネルギー諸問題を解決するために、技術開発ばかりでなく、政策や社会システムを総合的に検討するため文理融合による新たな学理＝エネルギー総

合学を創成し、学理を実践し社会に貢献することを目指します。……多くの企業とも共同研究、社会連携講座や寄附講座等による産学連携を進め、政府研究開発プロジェクト等に積極的に提案し、国、自治体とともにゴールを目指します。今回の『エネルギー総合学連携研究機構』の開設により、カーボンニュートラル実現に向け技術開発から政策、システムまで幅広く社会変革に貢献します」

私は、この取り組みにとても期待しています。各分野を統合し、大学と企業が深く連携する中で、これまで埋もれていた技術が社会で花開く予感がするからです。

例えば、大学発のスタートアップの誕生。「大学の知」をベースに新しい会社を設立し、政府や企業が支援することでビジネスになり、社会実装が進みます。特に脱炭素の分野は技術的ハードルが高いので、「大学の知」が役立つ分野です。実際に海外では大学と企業が協力してスタートアップが続々と生まれています。

日本の大学でも新しい取り組みが始まっていますので、是非、読者のみなさんの企業が関わる方法がないかを検討してみてください。

「こんなことができたら世界が変わるよね」が生まれている

どんな技術があれば、脱炭素社会に貢献できるのでしょうか。

例えば、どこでも発電できるような発電の仕組み、資源の枯渇や温室効果ガスの排出を気にせずに使える頑丈で長持ちする新素材。ＥＶの弱点を克服してくれるような電池。

実は、そういった次世代技術が日本で育っています。

ここでは、いくつかをご紹介します。

①街の至るところで発電が実現する　ペロブスカイト太陽電池

少し長い名前ですが、次世代の太陽電池です。今利用されている太陽電池は、壊れにくく、効率よく発電する一方で、厚みがあって曲げることができず、設置場所が限られていました。特に国土の狭い日本では設置場所をどう増やしていくかが課題になっていました。

ペロブスカイト太陽電池は、クリアファイルのような柔軟性があり、軽量です。今までの太陽電池では困難なところにも設置することができます。

例えば、研究が進めば、ビルの壁面や車のルーフ、ちょっとした軒先、駐車場、家具にも設置できます。キャンプ用テントとのコラボ商品も販売されるかもしれません。普及すれば、街の至るところでの発電が可能になります。

東京大学大学院総合文化研究科広域科学専攻の瀬川浩司教授らは、２０１９年に20%を超える高い変換効率のペロブスカイト太陽電池ミニモジュールの作製に成功しました。２０２０年代の実用化も期待されています。

②植物を使って、強くて軽い素材になる　セルロースナノファイバー

セルロースナノファイバーは、植物由来の新素材です。なんと鋼鉄の5分の1の軽さで5倍の強度等の特性をもちます。

例えば、自動車に活用された場合、車体の軽量化に貢献し、燃費の向上及び温室効果ガスの削減に役立ちます。それ以外にも様々な製品の素材になる可能性があります。

セルロースは植物の主成分の1つです。植物が原料ですので、資源の枯渇を心配する必要がありません。紙の原料であるパルプから均一なセルロースナノファイバーをつくる技術は、東京大学が2006年に確立しました。

このセルロースナノファイバーを使ったボールペンが三菱鉛筆から販売されています。私も利用していますが、非常に「なめらかで、かすれにくい」特徴があります。セルロースナノファイバーの研究の第一人者である東京大学の磯貝明特別教授の講演を聞く機会がありましたが、長年研究し尽くし、八方塞がりになった時に「ふとしたきっかけ」から開発が進んだそうです。

ご興味のある方は、エピソードが下記サイトに詳しく紹介されています。

https://www.nedo.go.jp/hyoukabu/articles/201905np/index.html

③EVの弱点を克服する全固体電池

次世代のEVバッテリーと期待される「全固体電池」では、日本企業がリードしています。全固体電池は電解液がなく、全部が固形となる充電式電池です。現在EVに利用されているリチウムイオン電池では、ミクロの穴を備えるセパレーターが負極と正極を分けていますが、全固体電池にセパレーターはなく、固体電解質がその役目を担います。

全固体電池では、EVのネックである航続距離の向上と、衝撃に強いという理由から、安全性向上が期待されています。全固体電池の特許は、日本が多く保有しており、トヨタは2025年頃の全固体電池商用化を目指すと発表しています。

上記の技術以外にも「液体アンモニア燃料」「CO_2分離膜」「全樹脂電池」「リチウム硫黄2次電池」「パワー半導体」などの脱炭素推進技術が研究されています。

「こんなことができたら世界が変わるよね」といった分野で新技術が生まれれば、まさにゲームチェンジです。次世代技術の知財を確保し、事業化することで、莫大な先行者利益を獲得できます。

「やっかいもの」が「金のなる木」になる

この本では、温室効果ガスの削減について書いてきました。しかし、実は温室効果ガスの代表格であるCO_2が「資源として活用できるのではないか」という研究も進められています。「カーボンリサイクル」という領域です。

「カーボンリサイクル」とは、CO_2を資源として分離・回収し、コンクリート、化学品、燃料等へ再利用することです。気候危機にとって「やっかいもの」のCO_2が次なる資源、「金のなる木」になる可能性があるのです。実現すれば、非常に明るい未来を描くことができます。

例えば、CO_2吸収型コンクリートはとても有望です。建物に欠かせないコンクリートは、セメントの製造過程で多くのCO_2を排出します。しかし、つくればつくるほどCO_2を削減できるいわば「植物のようなコンクリート」が開発されています。中国電力、鹿島、デンカ、竹中工務店が共同開発した環境配慮型コンクリート「CO2-SUICOM®」等です。

未だ製造コストが割高ですが、将来的には日本のみならず、これから発展する途上国の都市や建物での活用が期待されます。

CO_2からプラスチックをつくる研究も進んでいます。プラスチックは石油などからつくられますが、そのうちの何割かをCO_2に置き換えることで、大気中のCO_2をプラスチックに固定化する研究です。実現の鍵は、触媒技術や発酵技術が握りますが、この分野でも日本の大学で研究が進んでいます。

CO_2と水素から都市ガスの原料をつくる研究も始まっています。「メタネーション」というメタンを合成する技術です。再生可能エネルギーによって生成されたCO_2

フリー水素と、発電所などから排出されるCO_2を原料にしてつくられたメタンは、利用時のCO_2排出量が合成時のCO_2回収量と相殺されます。つまりCO_2を排出しない燃料となります。加えて、既存の発電施設を活用できます。エネルギーインフラの大きな変更を伴わずに導入可能なため、実現への期待が高まります。

経産省は、2021年7月に「カーボンリサイクル技術ロードマップ」を改定しました。付加価値の高い製品については2030年頃からの普及を目指し、需要が多い汎用品については2040年頃の普及を目指しています。

CO_2が資源として使えるようになると、画期的です。脱炭素社会の実現と、より豊かになる世界の両方を実現できます。

大学での基礎研究開発を政府が支援し、企業が応用研究して製品化する「プロダクトイノベーション」、さらに、製品の効率的生産、政府の購入支援、国内外への販路拡大などの「プロセス・マーケットイノベーション」の両方を強化していく。「産官学で連携して脱炭素社会を迎え撃つ」を合言葉に、お互いが垣根を越えて知恵を絞り合う絶好の機会です。

第5章◆風に乗り、羽ばたく

脱炭素時代の企業経営

この章では、「ビジネスの視点」から脱炭素推進を考えていきたいと思います。

経営者の方やビジネスで奮闘される方々に向けて、私の普段の仕事や、そこから感じた思いを含めてお伝えします。

社長、「手柄をあきらめる」覚悟はお持ちですか？

私は、仕事柄、多くの経営者にお会いします。中小企業のオーナー経営者から、大企業で出世を勝ち抜いた方まで様々です。

みなさんの会社の脱炭素推進について相談された際、一通りの挨拶を終え、私が少し緊張しながら切り出す話は、「社長の手柄にはならないですよ」ということです。

「脱炭素推進の結果がでるのはだいぶ先です。残念ながら社長の手柄にはなりません。

社長の次の社長か、その次の社長の手柄になるでしょう。**社長、この心のわだかまりを整理できますか。もしできるのであれば、御社の脱炭素推進は上手くいくでしょう。**もし、心のわだかまりを解消できそうもなければ、御社の脱炭素についてはそっとしておいて、忘れるのがよろしいかと思います」（実際には、もう少しオブラートに包んでお伝えしますが……）

自分の手柄にはならない。後任の経営者が評価される。この点について心のわだかまりをどう整理していくか。

オーナー経営者であれば、10年、15年のスパンでどっしりと構えられますが、任期が2年、長くて4～5年の大企業の経営者であれば、悩まれて当然です。

この言葉に対する経営者の方の反応は様々です。少し、驚いた顔をした後に「失礼だ」とその場で怒りだす方が約1割、なんとも言えない表情を浮かべる方が約9割というところでしょうか。

企業が脱炭素へと舵をきることは、大変なことなのです。それまでの直進から、「斜め」へ方向転換しなくてはいけません。企業や業界にもよりますが、30度程度の転換から、90度近い急転換が必要な場合もあります。

斜めに進むのですから、当然のことながら直進よりも距離が伸びません。「以前よりもどれだけ前進したか」という点では評価が下がります。短期間での結果がでにくい、進んでいるように見えづらい、それでも脱炭素へ舵をきるには、方向を変えなくてはいけないのです。

後日、2～3割の方から「そうですね。江田さんに言われた時は、カチンときましたが、おかげで覚悟が決まりました」と再度ご連絡をいただきます。

私はこう伝えます。「ありがとうございます。あの時は、手柄にならないと申し上げましたが、言葉が少し足りませんでした。**社長の取り組みを後世がしっかりと評価してくれます。ぜひ、次の世代のために取り組みましょう**」

経営者が自らの評価を気にせず、脱炭素に取り組む「覚悟」ができれば、一気に進み出します。

経営者は、「あるべき姿(to be)」を語ってはいけない

覚悟を決めた経営者が最初にすることは、「方向性を示す」ことです。

では、「方向性」は、どうすれば決まるのでしょうか。

経営のセオリーでは、ここで「あるべき姿」を考えます。ご存じの方も多い、「as is／to be」モデルの活用です。

「as is」は、自社の現状の姿。

「to be」は、自社の「あるべき理想の姿」です。

「現状（as is）」とそこからの「あるべき姿（to be）」を考え、そのギャップを埋めるための具体的アクションに落とし込んでいきます。

しかし、今回は、「あるべき姿（to be）」ではなく「なりたい姿（want to be）」を描くことをお勧めします。

「あるべき姿（to be）」で考えた場合の罠に陥りたくないからです。「as is／to be」から考え始めると、無意識のうちに自社の手持ちの技術や人材、ネットワークなどの資産で実現可能な未来へと、結論を導こうとしてしまいます。

「as is／to be」を少し脇に置いておいて、「なりたい姿（want to be）」を考えてみる。脱炭素社会で自社がどうなっていたいのかを、枠を取り払って考えてみる。普段まとっている鎧を脱いでみる。

鎧を脱ぐことで、身体も心も軽くなり、大きな絵が描けます。

「えっ、あるべき姿となりたい姿って一緒じゃないの？」と思われた読者の方、いらっしゃるのではないでしょうか。もしくは「なりたい姿では言葉として弱い。あるべき姿くらい強い言葉を使って意識しないと達成できない。皆が動かない」と思われた方もいらっしゃるでしょう。

まさにこれこそが、私を含めた現役世代が陥りやすい罠です。達成を「自分の目でも確認したい」という強い欲求。自分の人生のタイムスパンから、抜け出せていないのです。

「あるべき姿」は、私たち世代にとっては「あるべき」かもしれませんが、20代の社員や未来の顧客にとっては、どうでしょうか。

「２０５０年、２１００年、今と同じ年齢だったら、自分や会社はどうなっていたいか」を出発点に描いてみてください。

「あるべき姿」が経営陣の「覚悟」から描くのに対して、「なりたい姿」は「経営陣の覚悟と、関わっている人、将来関わる人も含めた夢」から描くのです。

もちろん、描かれた「なりたい姿」の達成へのハードルは高くなりますが、それこそが狙いです。手持ちの資産や自社ができるかどうかの枠を取り払い、消費者やパートナー企業も巻き込んだ「なりたい姿」を描いてみる。

経営者が「覚悟と夢」をもって描いた「なりたい姿」に社員は共感してくれるでしょう。社員が心から共感できれば、組織全体のエネルギーになります。大きすぎる絵を描くことで、これまで使っていなかった頭と心の筋肉が動きだし、叡智がでるのです。

脱炭素モデルと脱炭素戦略の2つの違いを意識する

私は、企業が脱炭素を進める際に、「脱炭素モデル」と「脱炭素戦略」の２つに分けて考える重要性をお伝えしています。

私の経験則からですが、両方を区別せず検討を進めてしまい、「何をどこからやればよいか」と考えが纏《まと》まらない企業が多いためです。

明確に2つに分けることで、頭の整理に役立ち、行動につながります。「脱炭素モデル」と「脱炭素戦略」は、車にたとえると両輪です。語学の勉強で言えば、「単語・文法を覚える」と「会話する、文章を読む」に分けると考えると、わかりやすいでしょうか。

1つ目の「脱炭素モデル」というのは、いかに自社の脱炭素を推進していくか、脱炭素が継続的に進む流れをつくり、定着させるかということです。

具体的には、温室効果ガス排出量を見える化し、削減していくことも1つです。社員への教育や取引先への要請、情報共有も含まれます。行動としては、再生可能エネルギーへのシフト、運送・配送の効率化、製造工程の省エネ化、自社製品の再利用の検討などが考えられます。

もう1つの「脱炭素戦略」は、脱炭素社会で自社がどこに力点をおいて戦い、永続的に事業を成長させるかです。

脱炭素社会への転換は、業界に大きな変化をもたらす可能性があります。それを見逃

してはいけません。

「脱炭素戦略」は、「守り」と「攻め」に分けて考えるとよいでしょう。

「守り」の例としては、事業領域の再編成。脱炭素社会に合わない事業は減らし、より成長可能性があり、CO_2排出量が少ない事業に注力する。事業売却により、投資できる資金を捻出することも考えられます。

「攻め」としては、脱炭素社会を念頭に置いた新製品・サービス展開、それに、M&Aやアライアンス等があります。

新製品・サービス展開では、社会の脱炭素に貢献できる製品やサービスの開発、ハード単体売りから、デジタルを活用したソフト（データ）の継続販売への転換などが考えられます。

M&Aやアライアンスでは、自社が抱える課題の解決策をもつ企業と提携する、脱炭素推進に寄与する製品やサービスをもつスタートアップに投資や支援することが考えられます。

例えば、ソニーは脱炭素に関わる技術をもつ新興企業への投資に乗り出しています。ベンチャーキャピタルのWiL（ウィル）が立ち上げた1000億円規模のファンドに参画し、国内外の企業の発掘を目指しています。

経営者としては、「脱炭素モデル」と「脱炭素戦略」の違いを理解し、両方をバランスよく進めていくことが大切です。どちらか一方だけに力をいれすぎないことです。車であればどちらかの車輪だけが回っても、その場でぐるぐると回転するだけになってしまいます。

すでに脱炭素に取り組んでいる企業の方は、2つを意識的に分けてみてください。きっと新たな気づきがあるはずです。

なぜ、「TODOリスト」では失敗してしまうのか?

みなさんが描いた「なりたい姿(want to be)」の実現に向けて、「どの順番で何をしていくか」で、経営陣のセンスが問われます。

その時、やらなければいけないことをTODOリストとして列挙することはとても大切ですが、リストの上から順に進めようとすると、暗礁に乗り上げてしまいがちです。

例えば、先ほどご紹介した「脱炭素モデル」には進めやすい順番があります。

最初の一歩は自社の排出源と、排出量を正しく把握することです。

いわゆる「見える化」です。

例えば、見える化には、スコープ1、スコープ2、スコープ3という領域があります。

スコープ１：事業者自らによる温室効果ガスの直接排出（燃料の燃焼、工業プロセス）

スコープ２：他社から供給された電気、熱・蒸気の使用に伴う間接排出

スコープ３：スコープ1、2以外の間接排出（事業者の活動に関連する他社の排出）

スコープ3の対象は、取引先、従業員の日々の行動、顧客にまで範囲が及びます。これは一般的に15の分野に分けられます。スコープ3は、非常に範囲が広いので、温室効果ガスの排出量は、スコープ1、2の10倍以上になることも珍しくありません。

このスコープ3までの脱炭素を明日にでも達成する必要はありません。順番でいうと、スコープ1とスコープ2を進めた後に、スコープ3に取り組めばよいのです。

先に始めるスコープ1、スコープ2については、「コストを増やさずに実現する方

法」が存在します。

著者が経営する会社では、年間200社程度の企業のエネルギーコストの診断・削減及び脱炭素推進をお手伝いしています。エネルギーコストが年間100万円程度から年間100億円を超える企業まで、お付き合いがあります。

その経験からお伝えできるのは、ほぼすべての企業でエネルギーコストの削減余地があることです。

意外かもしれませんが、**特にエネルギーコストが月額5000万円、年間6000万円程度までの企業は、大幅なコスト削減が見込めます。**「脱炭素を推進するとコストがアップしてしまう」と思いがちですが、「脱炭素を進める順番を間違えている」ということです。

もし、長年の積み重ねでゆるんでしまった身体を、学生時代のようなプロポーションに戻したければ、ストレッチや食事の見直しで、脂肪を落としてから筋トレをしないと思ったような効果が得られないのと同じです。

まず、スコープ1とスコープ2でコストダウンをする。そこで得た原資を活用して、脱炭素が困難な部分も進めていく。つまり、浮いたお金を再生可能エネルギーの調達や設備投資に振り向けることをお勧めします。
あくまでも一例ですが、再生可能エネルギーの導入については、第三者所有モデル（PPAモデル）などの仕組みがあります。遊休地を活用することで、初期コストを抑えて再生可能エネルギーに転換することも可能です。

スコープ3については、環境省が運営する「グリーン・バリューチェーンプラットフォーム」がとても役立ちます。温室効果ガスのサプライチェーン排出量算定について学べるサイトです。

サプライチェーンとは、原料や部品の調達から、工場での製造、製品の出荷や配送、お店での販売、顧客の自宅での消費までの一連の流れのことです。
このサイトでは、

・サプライチェーン排出量とは
・スコープ3　15のカテゴリ分類とは
・サプライチェーン排出量を算定するメリットとは
・サプライチェーン排出量の算定の流れについて

等について詳しい説明が掲載されています。

加えて、企業の取り組み事例を業種別に紹介しています。中小企業を含む、国内外企業について幅広く紹介されていますので、自社にとって参考になる事例を見つけることができるでしょう。

ビッグデータ、AI、IoTと脱炭素の関係性

先に取り組むスコープ1、2の部分をもう少し詳しくお話しします。スコープ1、2では、デジタル技術が活用できます。新たなデジタル技術である、ビッグデータ、IoT、AI、クラウド等です。これを、企業が脱炭素を進めるステップに沿ってご紹介します。

ステップ1：温室効果ガスの見える化

先ほども申し上げましたが、最初のステップは温室効果ガスの「見える化」です。なぜ「見える化」かというと、そもそも「自社でどれだけ温室効果ガスを排出しているのか」、それがわからなければ何も始まりません。

例えば、ダイエットをする時に、そもそも自分の「体重が何kg」あり、「体脂肪が何％」かわからなければ、どれだけ痩せればいいのかわからないのと同じです。温室効果ガスの見える化には、ＩｏＴなどのセンサーネットワークや分析するデータ解析技術が非常に重要な役割を担います。

ご存じの方もいるかもしれませんが、エネルギーデータは現在非常に細かく計測できます。機器にセンサーを設置したり、ディスアグリゲーションという電力利用データをＡＩで解析したりする技術が発展しているからです。

建物の例でいえば、センサーやＩｏＴ機器が、建物の中にある情報を収集し、通信回線を経由してクラウドコンピューターにエネルギー利用データが蓄積されます。蓄積されたデータは、ＡＩなどを活用して分析することで、エネルギーの利用状況や温室効果ガスの排出状況までも詳細に把握できるのです。

ステップ２：温室効果ガスの削減

正確なエネルギー利用量や温室効果ガス排出量の計測（見える化）が完了した後のステップは、温室効果ガスの削減です。

削減する方法は、主に3つあります。

1つ目の方法は、「省エネの促進」です。今よりも省エネな設備やサービスを利用する考え方があります。収集したエネルギー利用データから、どの設備を入れ替えていくのが最も効率的であるかなどを分析します。また人流データなどを使うことにより、快適さを保ちつつ、空調利用を抑制していくなどの試みも拡がっています。

2つ目の方法は「再生可能エネルギーの利用」です。例えば自社の敷地内に太陽光発電などを設置したり、電力会社からCO_2フリー電気を購入したりするなどの方法があります。太陽光発電を設置する場合、「どれだけ発電をするのか」を予測することが大切です。発電量は天候に左右されるため、天気予想データなどを活用して、発電を予測する技術が発展してきています。

発電予測データと自社のエネルギー利用予測をマッチングさせることにより、足りない電気がどれだけかも計算できます。そうすることで、より効率のよいエネルギーの利用方法を追求できます。

3つ目の方法は「電化」です。企業では、電気以外にガスやガソリンなども利用しています。「電化」は、ガスやガソリンを電気に置き換えていくという試みです。その

図6●建物からデータが収集され、
蓄積されるイメージ

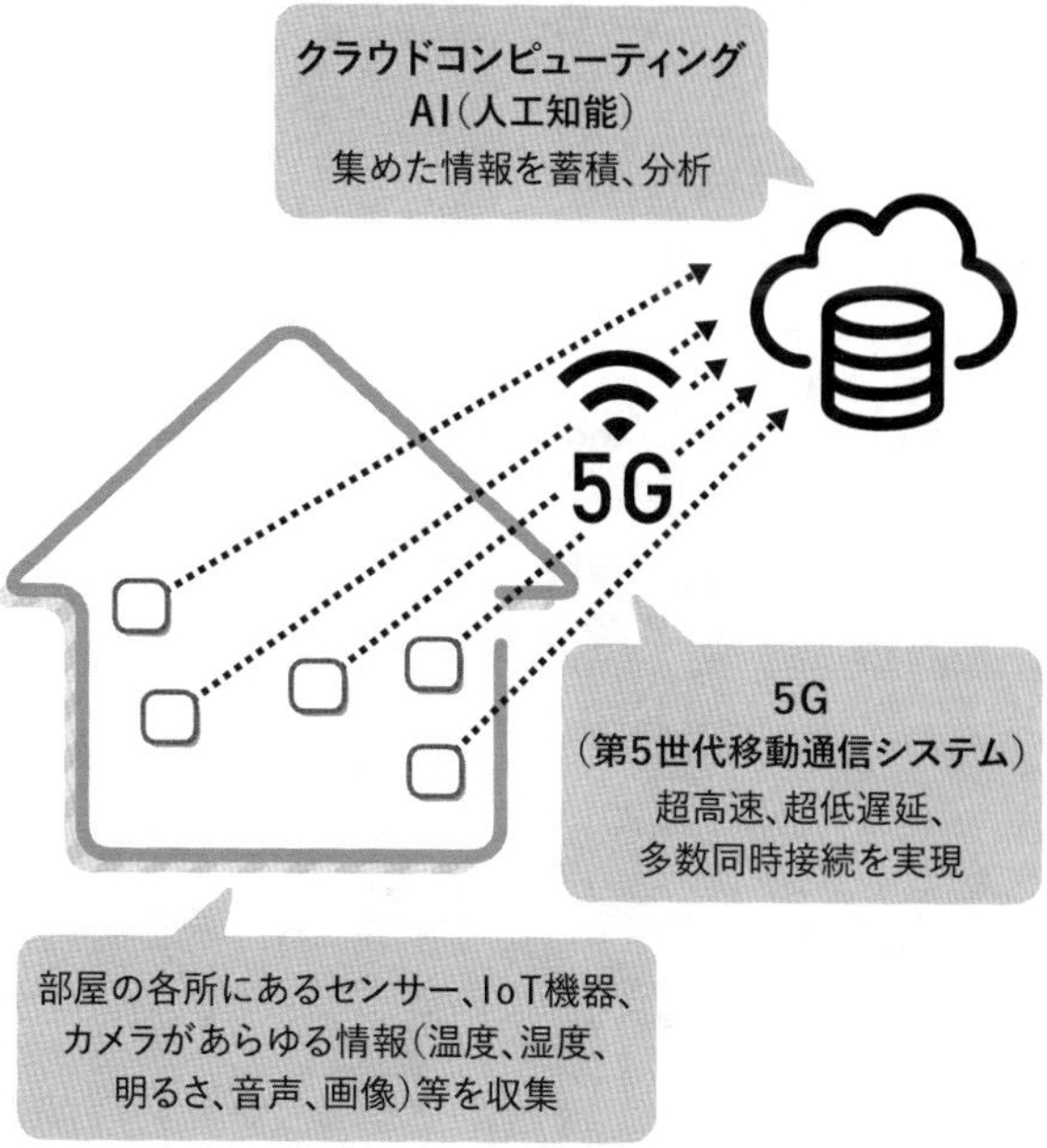
クラウドコンピューティング
AI（人工知能）
集めた情報を蓄積、分析
5G
5G
（第5世代移動通信システム）
超高速、超低遅延、
多数同時接続を実現
部屋の各所にあるセンサー、IoT機器、
カメラがあらゆる情報（温度、湿度、
明るさ、音声、画像）等を収集

部屋の中で収集されたデータは、通信回線を経由して、
クラウドコンピューターに蓄積。
蓄積された情報をAI（人工知能）が分析する。

際、社用車へのＥＶの活用も選択肢の１つです。ＥＶを有効活用することで、コスト削減の余地もあります。

例えば蓄積された社員の行動移動履歴をＡＩで分析し、電気の価格が割安なタイミングで必要な分のみ電気を購入していく。まだ、実証段階ですが、５年程度で実用化されているでしょう。

デジタルを活用することで、企業はこれまで以上にエネルギーコストを削減し、温室効果ガスを削減することができます。

自社の脱炭素推進で一石三鳥、四鳥を狙え

ここまで読んで、自社の脱炭素推進が、「結構大変だなぁ」と感じられた方もいらっしゃるのではないでしょうか。

そこで、企業が脱炭素に取り組むメリットを改めて確認しておきましょう。

年金基金、投資家、金融機関からの評価が高まり、投資や融資が受けやすくなることについては、これまでもお話ししてきました。それ以外にはどのようなメリットがあるのでしょうか。

あまり語られていないメリットをいくつか上げたいと思います。

1つは、「将来の経営者育成につながる」ことです。脱炭素について学ぶことは、社会全体を知り、新たな視点で社会について考えるきっかけになります。このような経験は、将来の経営者にはとても重要です。

例えば、温室効果ガス、水、人権、災害、資源、生物多様性等について知ることで、将来の経営課題に先回りできるようになります。加えて、製品の原料から消費者が製品を廃棄するまでの一連の流れを深く理解できます。ものづくり大国の日本企業の将来の経営者こそ、自社の全体像や社会との関わりを知っておくことが、後々役に立ちます。

2つ目は、「社内に新たな情報流通網ができあがる」ことです。脱炭素に取り組むことで、社内に新たな情報の流れが生まれます。これまであまり連携がなかった部署同士が情報を共有するきっかけになります。

組織内の縦割りを打破し、部分最適化を壊すきっかけにもなります。疎遠だった部署同士が新たにつながると、互いを理解し合い、社内での新たな協力関係が生まれます。

3つ目は、「トラブルに巻き込まれた際の後ろ盾になる」ことです。ちょっとした不祥事がきっかけで、次々と問題が明らかになり、経営者の退陣、株価下落、消費者の不買運動につながるケースをみなさんもご存じでしょう。不祥事でなくてもコロナ禍での飲食業やホテル業のように、予想もしないトラブルに巻き込まれることもあります。

トラブルに巻き込まれないリスク管理が一番大切ですが、もしトラブルに巻き込まれても、日頃からの良い評判が下支えになってくれます。顧客や仕入れ先に「なぜか助けてもらえる、なんとかなる企業」は、普段の行いから信頼を積み重ねています。

脱炭素への取り組みも、信頼を積み重ねる一助になるでしょう。

自社の脱炭素推進は、大変ではありますが、多くのメリットがあるのです。

社員を巻き込む秘訣

脱炭素推進には、社員の力が必須です。では、社員をどう巻き込んでいくか、どのような人を推進役や、実行メンバーにするとよいのでしょうか。

第一関門は意外なところにある

「社会貢献に使えるお金があるんだったら、もっと販促にお金をまわしてほしい」

営業部長が放った一言が大会議室に響き渡りました。ある晴れ舞台での一幕です。企業の社会貢献活動を担うＣＳＲ部長である50代女性が、１年の活動報告を経営陣や社員に発表した直後の出来事です。

ＣＳＲ部長をフォローしなくてはいけなかった私は、不覚にも言葉を失ってしまいました。この企業は、中小企業ではありません。誰でも知っている日本を代表する家庭向け日用品メーカーです。

私は、２００５年から企業の環境、社会貢献活動を支援していますが、同じような場面に何度か出くわしました。支援をしていて感じたのは、活動の意義を「社内に理解してもらう、共感を得る」ことが想像以上に難しいことです。

第一関門は「社内」にあるのです。

私は会議が終わると同時に、先ほどの営業部長に駆け寄りました。発言の真意が知りたかったのです。話をしてみると、悪気はなかったようです。

「ごめんごめん、毎日数字に追われている部下がかわいそうでね」。営業部長としては、日々、数字と格闘している部下の気持ちを代弁したかったようです。後日、彼には個別に時間をとってもらい、どうしたらＣＳＲ活動が営業活動にも貢献できるかの知恵を一緒に絞りました。

なぜこの出来事を紹介したかというと、脱炭素推進時も同じことが起こるからです。社内で「なりたい姿」を共有しないまま進めると、第一関門で止まってしまいます。

その際、私のような外部の人間が説明するのも1つの方法です。**ですが、社員は経営陣が直に語ってくれることを望んでいる**でしょう。経営陣が各部署と対話の回数を重ねることで、砂地に水が染み込むように「なりたい姿」が社内に浸透していきます。

社員が動かないのには理由がある

脱炭素への取り組みを経営指標に落とし込み、経営陣の報酬制度に反映する動きが拡がっています。実際に大企業を中心に、役員報酬と脱炭素の取り組み結果を連動させ始めています。経営陣の評価に入れることで、経営陣は自然と脱炭素を意識するようになります。

これからはもう一歩進めて、脱炭素を推進する社員をしっかりと評価する制度を整えてみてはいかがでしょうか。

「自社の脱炭素をどこから進めたらよいか、どこまで進めるべきか」に経営者が悩むのであれば、社員はもっと悩むでしょう。なぜなら、自分のこれからの社会人人生に関わるからです。

ですから、もし脱炭素に本気で取り組むのであれば、経営者は社員をしっかりと評価してあげなくてはいけません。

さきほど「なりたい姿」の重要性はお伝えしました。**「なりたい姿」と同様に評価というインセンティブをセットで準備してあげることで、社員の行動に弾みがつきます。**

インセンティブとは、「評価、報酬、予算」などです。

インセンティブと「なりたい姿」の両方が揃うと、人は能動的に動き出します。

私は、「うちの会社には率先して行動する社員が少ない」と嘆く経営者にお会いします。経営者は、社員自らが自分の頭で考え、行動することを望んでいます。しかし、率先して行動する人が少ないからといって、「みなさん、これからは自分の頭で考えて率先して行動しましょう」と伝えるだけでは足りません。それでは単なる問題の裏返しです。

動かない理由は明確です。行動した人が適切に評価される仕組みがないからです。自社の脱炭素を推進したいのであれば、「なりたい姿」に共感し、積極的に動こうとする社員にインセンティブを与えることを忘れてはいけません。「行動が評価や報酬につながる、活動に予算がつく」ことがわかれば、自ら動き始めます。

半沢直樹を探してはいけない

「有事に強い人」という言葉をご存じでしょうか。大きな課題に果敢に取り組み、幾多の困難を乗り越えて、解決する人のことです。

気候危機、脱炭素への転換は、まさに世界全体を巻き込んだ「有事」です。

古くは産業革命、もしくは1990年〜2010年頃までのIT革命が起こった時期をイメージすると近いでしょうか。

このような時に、どんな困難が来ても跳ね返せる「有事に強い人」がいれば、どれだけ心強いかわかりません。言葉があるくらいですから、どこかにそのような無敵な人がいるような気がします。

例えばドラマの主人公、半沢直樹のような人でしょうか。私は半沢直樹の大ファンで、ドラマは毎回録画して最低二度は見ていました。襲い掛かる苦難を跳ね返す主人公の姿を見て、目頭が熱くなり、「ああなりたいなぁ」と心の中で思い、ドラマが終わると少し強くなった気になります。

しかし、現実世界には半沢直樹のような「有事に強い人」が存在するのではなく、**「有事に機能する場があり、そこに適切な人がいる」**のです。

なぜなら「有事に強かった人」が別の場所でも同じように活躍できるとは限らないからです。以前「有事に活躍した人」を連れてきて「がちがち」に縛ってしまっては、実力を発揮できるはずがありません。その人の能力が足りないのではなく、「場」が整っていないことが原因です。

人は、気にするものや、とらわれるものが少なく、安心して仕事が進められる場合、集中して課題に取り組めます。経営者がすべきことは、半沢直樹を探すことではなく、「有事に機能する場づくりと適切な人選び」です。

脱炭素推進役には、「答え合わせ」の習慣がある人を

この見出しに少し「?・?・?」と思った読者の方もいるでしょう。この見出しからどういった内容を想像されたでしょうか。文章を読み進める前に、ぜひ15秒ほど考えてみてください。

さて、企業の脱炭素化の推進時には、「チーム」をつくることをお勧めします。チームメンバーの人数は企業の規模によりますが、数名〜数十名でしょう。もちろん、推進役（チームリーダー）に向いている人と向いていない人がいます。向いている人というのは、「答え合わせ」の習慣がある人です。

人には、問題に対して早く答えを探しあてる人と、自分が考えた答えと見比べながら「答え合わせ」をしたがる人の、2タイプがいます。仕事の内容によって、どちらのタ

イプの人が適しているかは変わります。

早く答えを探しあてる人は、競争が激しい主力商品の販売拡大のような業務が向いています。一方で、「答え合わせ」の習慣がある人は、1つ1つに時間をかけるタイプです。その場で素早く判断していく仕事には向いていません。しかし、脱炭素化の推進役としては「ぴったり」です。

なぜなら、企業の脱炭素化推進は、わからないことだらけだからです。

世の中で言われている答えが、今後も正しいとは限らない領域です。答えが現時点で「存在しない」場合もあります。

そういう理由から、答えを探すタイプよりも、自らの答えを捻《ひね》り出し、じっくりと「答え合わせをするタイプ」に向いた仕事なのです。

チームメンバーには多様な顔ぶれが望まれます。部署を横断してメンバーを集めるのが望ましいのはもちろんです。**加えて、年代、性別、雇用形態、考え方の異なる人をメンバーに混ぜていきましょう。**そうすることで脱炭素推進について様々な角度での意見がでてきます。メンバーには、バックグラウンドが違う人が集まった時に生まれる違和感、居心地の悪さを楽しめる人が向いています。

人の特性は、日頃の行動に現れます。候補者がプライベートで付き合っている人のバックグラウンドが「同質な人が多いか、多様であるか」を確認するとよいでしょう。1つの組織や1つの団体に執着心の強い人は、今回のメンバーには不向きです。

最後にもう1つ付け加えるならば、最低1人、「どうしても長期的思考をしてしまう人」に参加してもらうとよいでしょう（ぜひ、どうしてなのか考えてみてください）。

ステークホルダーを巻き込む秘訣

社員以外にも脱炭素を進めるうえで、巻き込んでいくべきステークホルダーが存在します。ステークホルダーとは、企業にとっての利害関係者です。主なステークホルダーは、「顧客・消費者」「ビジネスパートナー（取引先）」「投資家・株主・銀行」です。

ステークホルダーの巻き込み方について考えていきましょう。

CO_2の削減を顧客との「共通言語」に

私からの提案ですが「CO_2の削減を顧客との『共通言語』に」してはどうでしょうか。人が生活するうえで、CO_2を出すことは避けられません。であれば、自社が販売する製品領域については、CO_2削減について「当社が面倒をみます！」と伝えるのです。

顧客と共に削減していく。CO_2削減を顧客と共感できる「共通言語」にするという

考え方です。

参考になる事例があります。米サンフランシスコ発のシューズメーカーのオールバーズです。同社は、製品の素材、製造、廃棄のプロセスで排出された温室効果ガスの総量をCO_2に換算し、公開しています。CO_2排出ゼロのシューズづくりを自社の目標とし、顧客はそれを支持しています。

さらに同社は、ファッション業界全体が排出する温室効果ガスに着目し、自社で独自開発したCO_2算出ツールをライバルメーカーが利用できるよう、提供を始めました。

このような取り組みを通じて、オールバーズは、オリジナルポジションづくりに成功しています。

これまでの企業戦略の基本は、「自社の強みに立脚して、他者と差別化すること」でした。特に顧客との「情報の非対称性（information asymmetry）」を活用して優位性を築き、収益化してきました。

しかし、**これからは、顧客との「情報の共有（Information sharing）」を進めるのです。**情報共有が進むにつれ、顧客の企業への信頼感は高まります。企業自身から染み出るオーラに磨きをかけていくのです。ミツバチが集まってくる花のように、引き寄せる力が大切になっていきます。

オリジナルのポジションを築き、物語を語っていく。物語を一緒に実現したい顧客が集まってくる。

CO_2削減を、顧客との「共通言語」にするのはいかがでしょうか。

「お客様は神様」を疑え！

「いやいや、ウチの商品がどれだけCO_2を排出しているか公表したら、むしろ顧客が離れてしまうのでは？」という声が聞こえてきます。確かに情報を公開していくのは勇気がいります。

企業はこれまで「顧客のために！」と様々なことをしてきました。今もしているでしょう。しかし、強すぎた顧客中心主義の弊害がでているのが現在の社会だと思います。「顧客のために」と過剰包装をし、即日配達をし、24時間３６５日のサポート体制を整え、使い捨てできる製品を次々と開発してきた結果が、温室効果ガスを増加させ、気候危機を招いているともいえるからです。

顧客中心主義が悪いのではないですが、その行き過ぎ、顧客に良かれと思ってやってきたことが過剰すぎて、社会全体の負荷になってしまった。

しかも今は、顧客や社会全体がマイナスの影響を受け始めています。

企業は「顧客だけ中心主義」から卒業する、顧客を含めた「社会全体中心主義」に変わっていく時期かもしれません。顧客にも一緒に考えてもらい、一緒に未来のために立ち上がってもらうのです。

顧客を単なる消費者としてではなく、良い社会を一緒に創っていくパートナーとしてとらえなおす。そのためには、企業の「裏表の無い、隠さない、嘘をつかない姿勢」が大切です。

そのうえで、顧客が気づいていない価値を発見し、形にしていく。ラベルレスのペットボトル飲料が支持されていますが、これも新たな価値提案の一例です。

２０５０年を想像しながら、「社会のために顧客と共に何ができそうか」を考えるとよいのではないでしょうか。

最近教えてもらった話ですが、フランスでは買い物する時に「シルブプレ」精神が必要だそうです。そこには「買ってあげる、ではなく、買わせてくれる？」という気持ちが込められているそうです。顧客との関係性を考えるうえで、私たちが学べるところがありそうです。

下請けに忖度させていませんか？

読者のみなさんの会社で、顧客の声を聞いていない企業はないでしょう。では、パートナー企業の声はいかがでしょうか。

ここでのパートナー企業というのは、得意先ではありません。「仕入れ先や依頼先」です。私が好きになれない言葉、いわゆる「下請け」も含まれます。

あなたの会社が依頼主の場合にも、パートナー企業の声を聞いているでしょうか。

例えば、脱炭素を進める際、自分たちの都合だけを考えていないでしょうか。自社が早急に脱炭素を推進しなければならなくなったことを、パートナー企業にも無理に押し付けていないでしょうか。

有名な寓話の「北風と太陽」にたとえると、北風になっていないでしょうか。北風ではなく、太陽になれているでしょうか。

「押し付け」と「共に歩む・進む」は全く違います。

依頼する側からすれば一緒だと思うかもしれませんが、依頼された側からは、１８０

度違います。自社が慌てて急ぐあまり、立場の弱い人に対して無理強いした態度になっていないのかを、常に疑う謙虚さが大切です。

なぜなら脱炭素を推進していくには、パートナー企業の協力が必須だからです。顧客はもちろん、「仕入れ先、依頼先、下請け」などのパートナー企業とも協調、協力して進めていく。しっかりと長い付き合いのできる仲間をつくり、一緒に知恵を絞っていくことで成果がでます。

長期的に建設的な対話ができる相手は大切です。自社だけ、自分だけで考えても限界があります。良い対話相手をもっているか、自分1人で考えているかでは、結果が変わってきます。

仕入れ先や依頼先を「下」にみて、自社の都合を押し付けても「まぁ大丈夫だろう」と思っていると、後からしっぺ返しを受けます。業績が堅調な間は大丈夫でも、調子が悪くなったら彼らから見捨てられてしまいます。

「下請けに忖度《そんたく》させていませんか？」。彼らに心から尊敬され、共に脱炭素社会への転換を進めていくことで、さらなる成長が実現します。

脱炭素に流れ込んでいるマネーを活用する

「世界からお金を呼び込め！」というと少し言い過ぎかもしれませんが、それくらいの気概があってもよいのではないでしょうか。

脱炭素に流れ込んでくるお金を「したたかに」活用していくのです。

脱炭素を進める企業に対しては、様々な投資や融資方法が生まれています。

例えば、再生可能エネルギーの導入、省エネ実施の資金などを調達するためのグリーンボンドや、グリーンローン。企業が脱炭素社会に移行するための資金を調達するトランジッションファイナンス。定めた目標の達成に応じて、利率などの条件が変わるサステナビリティリンク債。スタートアップに投資するクリーンテックファンド等です。

自社が脱炭素を推進していること、脱炭素社会でさらに活躍する企業であること、具体的な投資計画があることを表明し、お金を集めていく。まさにテスラがその典型です。

イーロン・マスク氏が大きな夢を語り、お金を集める。集めた資金を使って、語った夢を現実にしていく。もちろん、テスラですらすべてが計画通りに進むわけではありません。しかし、そのスリリングさは、強敵になかなか勝てないヒーロー映画を見ているようで、投資家はテスラを応援したくなるのでしょう。

テスラのような企業が躍進できる背景には、これまでとお金の集まり方が変わってきていることも影響しています。これまで以上に個人が企業に投資をしやすくなっているのです。

例えば、スマートフォンアプリから気軽に企業に投資をする個人が増えています。デイトレーダーが利用する投資アプリ「Robinhood（ロビンフッド）」等はその典型例です。

余談ですが、もし、**読者の方が個人で投資をする方であれば、「脱炭素社会で成長する企業はどこか」という視点**で、脱炭素時代のAppleやGoogleを探してみてはいかがでしょうか。

脱炭素社会への転換で「富の移転」が起こると、先にお伝えしました。有望投資先を見つけるチャンスです。必ず、そのような企業はでてきます。その1社として認められているのがテスラでしょうし、日本でもこれから、有望な会社がでてくるでしょう。

時には「嫌われる勇気」も必要

企業にとって、自社を長期的に応援してくれる株主や金融機関は、非常に心強い存在です。

投資家や金融機関と良い関係を築くには、日頃からのコミュニケーション、地道な対話が最も大切です。

「２０××年、脱炭素を目指します」という宣言だけでは不十分で、長期的な計画を丁寧に説明すること。数年単位の適切な中間目標を設定し、達成具合を共有していくこと。もちろん、これまで実施してきたことを整理して、伝えていくことも怠ってはいけません。

投資家や金融機関といっても様々です。厄介なのはそれぞれ意見が違うことです。

私たちがコミュニケーションをする目的の１つに「取捨選択」があります。投資家や金融機関の誰と仲良くしていくか、取捨選択するのも大事です。

短期的な急成長を望む一部の株主からは「嫌われる勇気」も必要です。つまり、「長期的に見守ってくれる応援者を集めていきたい」という明確なメッセージを発信していくことと、短期的な利益ばかりを求める人とは縁を切っていくこと。勇気のいる行動ですが、大切なことです。

ぜひ、「多くの社員」「顧客・消費者」「ビジネスパートナー（取引先）」「投資家・株主・銀行」を、積極的に巻き込んで、あなたの会社の脱炭素を推進していってください。

おわりに

最後までお読みいただきありがとうございます。

この本で、みなさんが知った情報もあったかと思いますし、知っていたけれども私の意見とは違ったものもあったでしょう。

私の意見に「共感」できるところもあれば、「違和感」を感じた部分もあるのではないでしょうか。

読者のみなさんと、私の意見が１００％同じということはないと思います。なぜなら、生まれた世代、生まれてからこれまでの人生の歩み方、現在置かれている状況も違うからです。

序章でも書きましたが、私の意見には私の「バイアス」がかかっています。私は、２０００年に大学を卒業してコンサルティング会社に就職し、２００５年に起業しました。その後、これまでに様々な立場のビジネスパーソンと対話し、考え方に触れてきました。

一流企業で世界を舞台に働くエグゼクティブ層、自ら起業し株式上場までこぎつけた事業家、志半ばで会社が倒産してしまい行方知れずになった方、再起を目指し立ち上がろうとしている方、中には人を騙そうと常に企んでいる方々もいます。

特に私にとって「貴重だったな」と思えるのは、2005年、ゼロから始めた時、「自分の意見には、誰も耳を傾けてくれない時間」をゆっくりと過ごせたことです。

そういった経験が積み重なり、生まれているのが「今の私の意見」です。

さて、この本に込めた思いを1つだけに絞るとすると、「読者のみなさんに脱炭素とビジネスについて、自分事としてとらえ、考えて、行動にうつしてもらえたら」ということです。

本書を通して、少しでもみなさんの「頭脳と心」の刺激になれば、と思いながら書きました。

そうすることで、読者のみなさんに「自分や自社が本当に考えなくてはいけないことは何か」に思いを巡らしていただき、私とは違う「みなさんの意見」をもっていただく。そして、ぜひ、行動していただきたいと思っています。

その際に、私が提供した情報や意見が、「思考と行動の補助輪」になれば、とても幸いです。

この本はあくまでも最初の一歩です。ぜひ、ビジネスの現場に足を運んでみてください。そして、自らの身体と心で体感してください。

私には、脱炭素社会への移行は、世界が変わっていく転換期に見えます。

脱炭素社会では、エネルギーの在り方が大きく変わって、集中エネルギーから「分散型のネットワーク化されたエネルギー」が主流となり、世界中のエネルギーがインターネットのようにつながる。

それにより、エネルギーが著しく低コスト化（定額化）され、電気自動車、ドローン、自動配送等が普及する。すべての建築物がそれ自体で発電してつながりあい、IoT、AI、ブロックチェーン技術の革新とも相俟って、人の生き方、働き方が劇的に変わる。

そして社会は、「経済重視のピラミッド型の階層構造」から、「人としての価値観重視の横のつながり」へと進展していく。社会が1つバージョンアップし、クリーンなエネルギーを使いながら、日本のように豊かに暮らせる人が途上国にも増えていく。

そんなふうに妄想しています。

読者のみなさんが脱炭素という「新しい風」を知り、「向かい風」から「追い風」に変える。脱炭素を「したたか」かつ「しなやかに」使い倒し、ビジネスチャンスにする。そして「楽しむ」ことを心から願っています。この本がそのきっかけになれば幸いです。

PHP
Business Shinsho

江田健二（えだ・けんじ）

専門分野　「環境・エネルギー」「デジタルテクノロジー」。

富山県出身。慶應義塾大学経済学部卒業。東京大学Executive Management Program（EMP）修了。大学卒業後、アクセンチュア株式会社に入社。エネルギー／化学産業本部に所属し、電力会社・大手化学メーカ等のプロジェクトに参画。その後、RAUL株式会社を設立。主に環境・エネルギー分野のビジネス推進や、企業の社会貢献活動支援を実施。

一般社団法人エネルギー情報センター理事、一般社団法人CSRコミュニケーション協会理事、環境省 地域再省蓄エネサービスイノベーション促進検討会理事（2019年）等。

著書に第39回（2019年）エネルギーフォーラム賞・普及啓発賞を受賞した『ブロックチェーン×エネルギービジネス』（エネルギーフォーラム）、『「脱炭素化」はとまらない！―未来を描くビジネスのヒント―』（共著・成山堂書店）等がある。

RAUL株式会社　https://www.ra-ul.com/

図版作成：桜井勝志

PHPビジネス新書 434
2025年「脱炭素」のリアルチャンス
すべての業界を襲う大変化に乗り遅れるな！

2022年1月28日　第1版第1刷発行
2022年2月4日　第1版第2刷発行

著　　者　江田健二
発行者　永田貴之
発行所　株式会社PHP研究所
東京本部　〒135-8137　江東区豊洲 5-6-52
第二制作部　☎03-3520-9619（編集）
普及部　☎03-3520-9630（販売）
京都本部　〒601-8411　京都市南区西九条北ノ内町11
PHP INTERFACE　https://www.php.co.jp/
装　　幀　齋藤　稔（株式会社ジーラム）
組　　版　株式会社PHPエディターズ・グループ
印刷所
製本所　大日本印刷株式会社

ISBN978-4-569-85109-9

「ＰＨＰビジネス新書」発刊にあたって

わからないことがあったら「インターネット」で何でも一発で調べられる時代。本という形でビジネスの知識を提供することに何の意味があるのか……その一つの答えとして「**血の通った実務書**」というコンセプトを提案させていただくのが本シリーズです。

経営知識やスキルといった、誰が語っても同じに思えるものでも、ビジネス界の第一線で活躍する人の語る言葉には、独特の迫力があります。そんな、「**現場を知る人が本音で語る**」知識を、ビジネスのあらゆる分野においてご提供していきたいと思っております。

本シリーズのシンボルマークは、理屈よりも実用性を重んじた古代ローマ人のイメージです。彼らが残した知識のように、本書の内容が永きにわたって皆様のビジネスのお役に立ち続けることを願っております。

二〇〇六年四月

ＰＨＰ研究所